藝同玩皮趣
皮革工藝入門的啟蒙教科書

匠心手工皮雕坊・李宛玲 編著

最新版 第2版

序

　　隨著時代的日新月異,必須對多樣化的媒材有一定的認識,創作也要有基礎的技法和要求。所有媒材的設計與運用,都必須以媒材本身的特質為出發並保有特色,其互相搭配重在協調和比例,善用媒材的獨特來發揮創作,是從事創作要明白的概念和方向,可藉此在不斷的自我突破與自我超越中得到滿足。

　　皮革的迷人讓人很難不被吸引,經歷工藝技術經驗的累積為生活帶來樂趣與便利,讓人陶醉其中。它可以是主角,也可以是配角,是個很「隨和」的媒材,跟金屬、木材、布類都可以擦出美麗火花,可簡單、可複雜、可生活、可藝術。自然溫潤的特質讓人愛不釋手,隨著時間的淬鍊和使用者的習慣更加添韻味。

　　藝術與生活有許多相通的技巧,如書中所示範的「糊染」就跟墨流染相似,或像咖啡拉花的技巧,其他如水彩噴畫、蠟染與拓印等,都可互相延伸運用,不同媒材要注意顏色的變化,色料的掌控、停留時間、需要的媒介等,隨著創意不斷的交流並碰撞火花,會有更多更有趣的創作誕生。

　　皮革是生活中自然的產物,以牛皮為最大宗,其次是豬和羊,鱷魚、鴕鳥、蛇、蛙、珍珠魚等為少數,由於自然變化也大,加上為了保存而衍生的加工技術,讓皮革能以更多樣的面貌進入生活中,在氣候、個體差異性以及部位不同等因素下,使得此媒材豐富多變,很難找到完全一樣的兩張皮。

製作皮件前首先要了解素材特性，不要被限制，非要外表多美才能作出漂亮的作品，皮革的領域裡，如果想尋找無瑕疵的皮面（無傷疤、皮紋細緻或光滑等），會衍生迎合此心態的後製加壓技術，讓市場多為表面光亮卻被壓縮過的堅挺皮面，導致天然媒材真正的特質因此消失；接受可能有的不完美與自然特色，才能創造出獨一無二的作品，所以，當第一次聽到「創作中有枯枝、落葉、殘花、孤寂等是負面思考主題。」時，筆者十分震驚，因為，唯有學習接納才能學會珍惜。

　　天然而獨特的皮革不需多加綴飾就很迷人，創作者的巧思為其增添價值，在獲得動手作的樂趣外，也要追求差異性的目標，跳脫同質性、掌握獨特性才能站穩市場，不要隨意求快或一味抄襲；練好基本功，激發創意、加強美學素養與對皮革的認識，加上每個人在手部彎曲、力量和手感的不同，透過生活習慣、喜好以及人生經驗等，互相結合就能創作出擁有個人風格的作品，讓別人難以模仿。

　　本書於規劃時，特別選擇容易上手的作品，並詳細解說各式入門技法，且在不同作品中以不同方式示範，期望在學習不同的技法之時，找到適合自己或是最為喜愛的效果；手作最美好的地方，就在於活用與變化曾學習過的知識與媒材，創作出獨特並帶有個人特色的作品。

　　最後，本書能順利出版，要感謝台科大圖書的范文豪總經理，以及特別感謝讀者們對本書的支持，盼本書能成功引領各位進入皮雕多變迷人的世界。

李宛玲

目錄

主題 01　概論

一、皮革的簡介
1. 皮革的演進　　02
2. 認識皮革　　03
3. 從皮到革　　03
4. 皮革的選購　　04

二、基礎工具介紹
1. 槌子　　08
2. 膠板　　09
3. 其他　　09

三、皮件手縫基本工具
1. 常用工具　　10
2. 毛邊用具　　12
3. 背面處理劑　　13
4. 皮革保養油　　13
5. 表面保護定色劑　　14
6. 黏貼工具　　15
7. 上膠工具　　16
8. 線材　　16
9. 縫線針　　18
10. 裁切工具　　18
11. 打孔工具　　20
12. 附件五金用具和組裝　　21

四、皮雕基礎教學
1. 皮雕入門基本工　　26
2. 選擇皮革的技巧　　27
3. 雕刻刀使用方法　　27
4. 傳統雕刻基本技法講解　　29
5. 輔助工具　　37
6. 染料及上色工具　　41

主題 02　實作
每個作品至少 3 小時
視難易度增加時數

一、顏色好好玩：三角零錢包　　46

二、高質感手縫：名片零錢包　　62

三、可愛的皮塑：貓頭鷹吊飾　　75

四、多樣的皮雕：汽車鑰匙包　　84

五、有趣的鏤空：聖誕樹吊燈　　95

六、變色皮真美：三角鉛筆盒　　105

七、拉鍊美美裝：拉鍊零錢包　　116

八、多層次手縫：率性多層短夾　　129

附錄、作品版型　　150

主題 01 概論

一、皮革的簡介

二、基礎工具介紹

三、皮件手縫基本工具

四、皮雕基礎教學

一、皮革的簡介

人類使用皮革的歷史極早,最早的文獻資料記載在《聖經》中《創世紀》第三章21節:「主上帝用獸皮做衣服給亞當和他的妻子穿。」

1. 皮革的演進

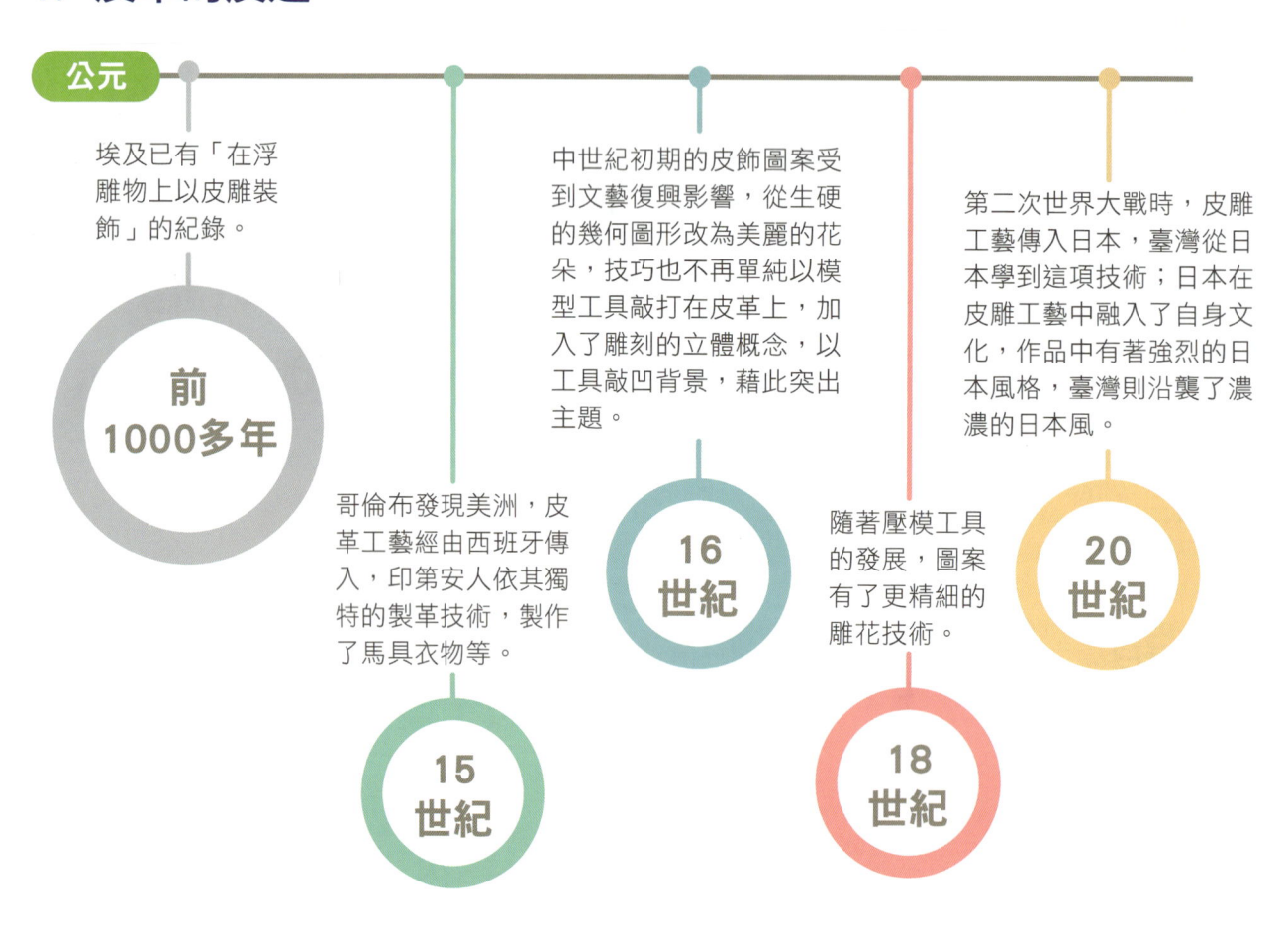

公元

前1000多年
埃及已有「在浮雕物上以皮雕裝飾」的紀錄。

15世紀
哥倫布發現美洲,皮革工藝經由西班牙傳入,印第安人依其獨特的製革技術,製作了馬具衣物等。

16世紀
中世紀初期的皮飾圖案受到文藝復興影響,從生硬的幾何圖形改為美麗的花朵,技巧也不再單純以模型工具敲打在皮革上,加入了雕刻的立體概念,以工具敲凹背景,藉此突出主題。

18世紀
隨著壓模工具的發展,圖案有了更精細的雕花技術。

20世紀
第二次世界大戰時,皮雕工藝傳入日本,臺灣從日本學到這項技術;日本在皮雕工藝中融入了自身文化,作品中有著強烈的日本風格,臺灣則沿襲了濃濃的日本風。

　　這幾年文創風興起,加上重機騎士身上的皮革裝飾、配件腰包以及長夾等,讓皮革漸漸受到注目,植鞣革經手工縫製後有著特有的扎實味道,加上皮件經歷使用所變化的自然光澤,掀起了皮革手作的流行,隨著銀飾和金屬裝飾等的加入,單純的皮件更豐富了;相較於單純的手縫,顯得更多樣有趣的皮雕,相信又將興起另一波浪潮。

　　雖然有不少人對於「雕刻」有點卻步,它卻是最能彰顯個人獨特性和美學素養的創作方式之一,就算是相同的圖案,經由不同人的創作還是很容易看出差異性,雕刻題材、表現手法與表現方式都很難複製;創作皮雕工藝需要多練習,並且保持開放的心,不是只有謝里丹或傳統技法而已,僅是描繪現成的圖稿無法成長,嘗試自己動手畫也可以做出獨

特風格的作品，在此推薦國畫工筆畫的學習，其細膩的線條和色彩表現方式，很適合應用在皮雕上，筆者也因此發展出個人獨特的皮雕作品。

2. 認識皮革

過去大家對皮件又愛又恨，主因是對皮件的認識不夠，像臺灣這種海島型氣候，特有的高溫與潮濕剛好是皮件最大的威脅，如果捨不得用而收藏在濕氣最多的櫃子中，在不使用的情況下很快就會發霉，一個好好的皮件就毀了，於是越來越不敢碰觸，其實皮革作品是可以用很久的。

靜置會使濕氣越容易聚集，尤其是立體的皮包和衣物，就如人體皮膚要保養一樣，皮革加工製作時留下的油質會因時間而流失，偶爾也要以皮革專用保養油擦拭皮件，同時注意擺放位置的濕度變化；透過毛細孔產生透氣與保暖的功能，是皮革最大的優點，也因此難以完全防水，但若在表面塗上厚蠟防水，卻可能阻隔後續上油保養的效果。

而皮雕畫作由於臺灣的濕氣和灰塵，藉由裱框加上壓克力板面來保護皮件是很重要的，因裱框背面的木板能透氣，掛在牆上才不會聚集濕氣，筆者曾直接將第一件皮雕畫掛在家中，雕刻的縫隙在不久後便堆積了難以清除的厚厚灰塵，後改以正式裱框加壓克力保護，至今仍不受環境影響。

歷經時間與日常的接觸，皮革將越來越迷人。

3. 從皮到革

從動物身上取下的外皮，未經鞣製加工稱「皮」，會因放置而腐壞；把毛皮刮肉、去毛曬乾後則稱生皮，乾燥後的生皮偏僵硬，一般用在皮影戲、鼓或燈罩，也可上色作成飾品。為使皮不會腐壞並保持柔軟，需要透過稱為「鞣」的加工過程，經鞣製後的皮稱「革」；皮革的鞣製過程大致區分為「單寧酸鞣」和「鉻鞣」，其類似梅子的醃製，不同的工法、糖鹽的比例與時間的掌控，會產生脆梅和 Q 梅兩種口感。

❋ 單寧酸鞣

又稱茶鞣、植物鞣或植鞣。

是萃取植物的根、葉或樹皮中的單寧酸，以其鞣製加工而成；單寧酸鞣的皮革易吸水，可塑性和延展性都大，可以用來雕刻、塑型與上色。

皮革呈淡褐色，經過光線照射會慢慢變深，整張皮革若長時間曝曬在光線下，除顏色變深外，最大的問題是油質會流失，讓皮革變硬（筆者稱之為死皮），變硬的植鞣革會讓加工變得困難，彈性的減少會影響雕刻時的敲打效果，也可能會乾裂。

由此可知，買回來的植鞣革平時需用有厚度的黑色塑膠袋密封，保持不透光的狀態，保存的空間要注意濕氣的變化，不要放置在一樓地板、櫃子內、床下，以及太陽光直射的地方等，到店家購買時也要注意這幾點，這些要點能讓皮革不易變質。另外，這類皮革目前臺灣都仰賴進口。

❋ 鉻鞣

使用鹽基性硫酸鉻鞣製而成，比植物鞣簡單快速，成品柔軟且彈性大，色彩和變化也更多樣豐富，價格與成品的一致性，是工廠大量生產加工的首選，大部分常見的皮革以鉻鞣居多，但在手工製作時較難掌控。

鉻鞣皮革光化料的運用就是一門很深的學問，色料有透染及塗料，加工好的皮革難以再用手染出漂亮的顏色，使用後脫色想補色或改色也有難度；鉻鞣皮革可透過裁切來加工成各式生活用品，常用於皮衣、沙發與皮鞋。民國七十年代時，臺灣的鉻鞣皮革加工廠非常多，因排放廢水對環境造成污染，現在廠數已變少。鉻鞣加工過程所添加的化料林林總總，很難有人能全面了解與掌握。

❋ 臺灣傳統鞣皮文化

在「鄒族」文化裡也有鞣皮技術，早期原住民的狩獵文化中，會將毛皮鞣製加工成帽子、衣物與鞋子，曾有部落長者表示他們在此鞣皮過程會加入花生，這是臺灣很珍貴的鞣皮技術和文化。

4. 皮革的選購

因皮革外緣多呈現不規則形狀，故計算方式大多依面積而定，國內常使用的單位為才或呎，有分「大才（30cm×30cm）」和「小才（25cm×25cm）」；計算的單位不同，價格當然也不同，但並非大才計價就便宜，小才就貴，較厚的皮革也會以重量為單位，例如鞋底的皮革。

皮革購買一般以張為單位，不規則的外型難以用尺來計算面積，通常是以大型機器計算面積後販售，無法直接以想裁切的份量來計算價格，端看自身需求；除了羊、豬等小型動物有以整隻為一張的皮革，牛通常是從肩椎到肚子切開的半裁（半隻）為一張，也有邊皮或頭皮。越大張的皮革越好運用，邊皮細長彎曲適合作小物件，若要裁切皮帶則適合四方皮；像是皮帶或肩帶等需要的量不多，可買材料店裁好的，自己若裁錯部位或厚度不夠，很容易因使用而變形。

✳ 皮革的部位

全裁 Whole Hide
整張皮革,無切割。

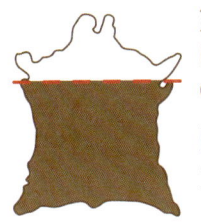

雙背部 Double Culatta
除去頭皮的皮革,使用範圍廣,約 22～42 小才。

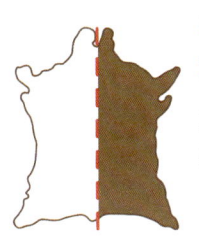

半裁 Side
全裁皮革的一半,約 25～40 小才。

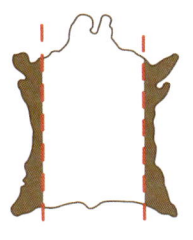

肚邊皮(邊皮) Belly
皮面細長、形狀彎曲,是初學者的首選,約 3～15 小才。

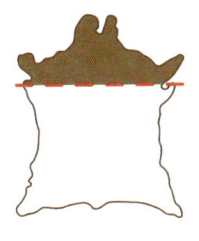

雙肩部 Double Shoulder
頭頸部,皮革纖維較粗,紋路較多,約 10～25 小才。

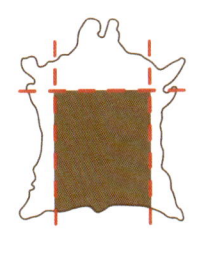

四方皮 Double Bend
因皮革方正,製作時耗損降低,所以價格較高。而因纖維走向的關係,不易變形,故以製作皮帶為主,約 18～23 小才。

✳ 皮革面積計算

半裁牛皮 (約 32~40 小才)
約100cm
約200cm

※ 皮革在世界各地有不同的算法,主要計算單位有四種:
(1) 平方公尺 (m^2) ⇒ 1 平方公尺 =100×100cm
(2) 大才 ⇒ 1 大才 =30×30cm
(3) 小才 ⇒ 1 小才 =25×25cm
(4) DS(Square Decimeter)=DM ⇒ 1DS=10×10cm

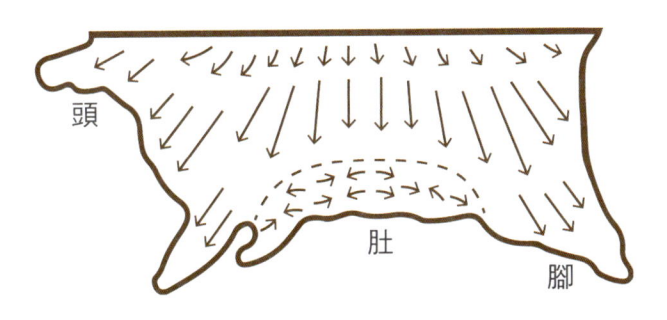

頭 / 肚 / 腳

以半裁皮革看皮革的纖維走向,一般用品比較不會受纖維走向影響,但若是高拉力製品(如鞋子、肩帶、皮帶或椅子等),就需要特定部位或方向。

生皮

僅除毛與乾燥處理，未施於其他加工鞣製，常見於製鼓和皮影戲偶，以前也常用來製作燈罩。

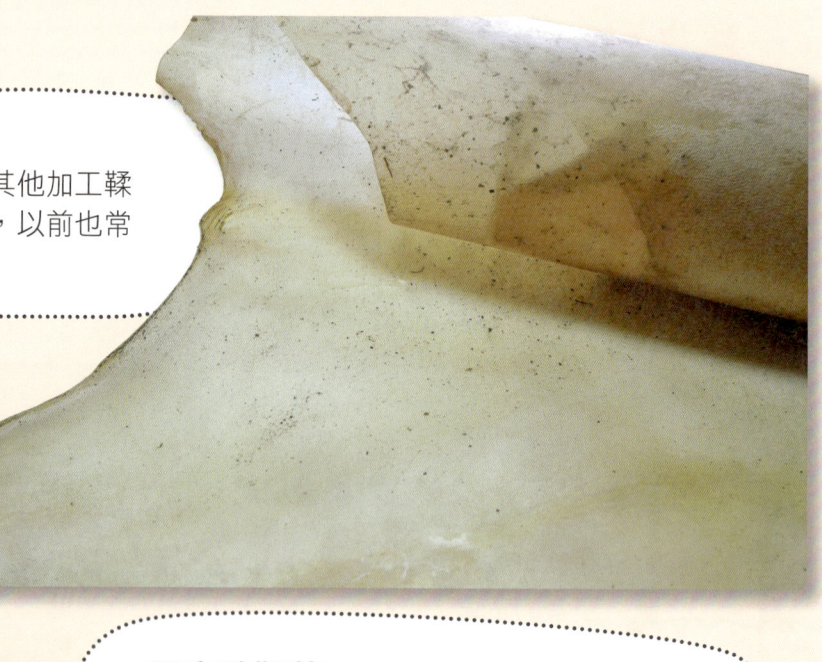

單寧酸鞣革

具可塑性和延展性，可雕刻圖案、塑型與上色。

單寧酸會因光線和使用讓色澤漸漸變深，毛邊的處理可經過沾水磨擦就會光亮。

皮革可做出多變的作品，並不是哪個部位就特別好，若需要軟，可選擇肚子部位；想要挺，肩頸部較適合；不想雕刻，頸部的紋路也很有特色。

鉻鞣革

色彩豐富，柔軟且具有彈性，但不能雕刻，也不能再上色；適合加工縫製，用在製衣、鞋、包與家具為主。

壓紋

植鞣革的特殊壓紋，大多以仿動物紋路居多，如蛇紋或蜥蜴紋等，但能壓紋的皮都不能太薄，普遍在 2mm 以上。

一、皮革的簡介

豬皮
一般用在內裡，常見以肉面層為面，有面皮也有二層皮；考慮到耐用性較少的特性，不會直接縫製為成品。

邊皮
單寧酸鞣革，總面積小、單價低，適合初學者製作小皮件，細長且彎曲，較難裁切作大型作品。

牛植鞣二層榔皮
單價便宜，較少用來獨立製作成作品，通常拿來加厚作襯底，或浮雕、提把、皮帶的蕊材，耐用性尚可，用來打樣也是不錯的選擇。

二、基礎工具介紹

皮雕或手縫都需要基本工具組,槌子類主要考量為重量,硬度越硬敲打越容易,重量越重敲擊越有力,但拿得順手與否最為重要。大理石材和膠板是考量穩定度和軟硬度,越大越厚穩定度越高,產生的音量也會越少;膠板的硬度越大,工具越容易受損,但並不是越軟就越好,因為軟硬度會影響敲打力道、效果、音量和工具的使用壽命。

1. 槌子

選擇合適的槌子極為重要,鐵槌敲打時會磨損工具,為保護工具通常不會使用鐵槌。

木槌

單價低與方便是其特點,即便用至凹陷仍不會影響使用,但重量和硬度關係到敲打的效果,會影響使用的便利和耐用性,故選用時要多加了解,不是每種木槌都適用,像五金賣場的木槌就太鬆軟,很難敲擊。

皮槌

生皮製的的槌子,單價高,用久了會掉皮屑。

尼龍槌(圓柱型)、塑鋼槌(傳統斜型)

又稱膠槌(PU槌),硬度和重量都很足夠,相對敲打時對工具衝擊力也大,但不會有皮槌掉屑的問題,只是價格較高,且重量可能影響使用者能否拿得順手。

有圓柱形和傳統斜型。

尼龍槌(圓柱型)

塑鋼槌(傳統斜型)

2. 膠板

斬類（可參見 P.20）屬於刀類，敲打時要墊上膠板，以保護斬類不受傷並延長使用壽命。膠板雙面都可使用，使用時可一面用於皮雕敲花，另一面留在打孔。敲皮雕時墊上膠板的原因為保護工具，在敲打時增加緩衝力，避免工具長時間使用受損，也可避免敲打時皮革下方太硬，導致線條過於僵硬，且越大、越厚者，敲打音量也會隨之減弱。

舉例來說，醫生會建議長者選擇有氣墊的鞋子，保護腳部不受傷，這是因為腳底漸漸缺乏彈性；同理，若皮的厚度不夠（至少需 2.5mm 以上），在敲打時等同缺乏彈性的肉面，直接在大理石上敲打印花將直接衝擊到工具，首先磨損的便是細紋路。

膠板（傳統黑色，蕭氏硬度約 75）

PVC 材質，以「回收塑料」再製，價廉、具耐用性以及耐衝擊性；是傳統產業普遍使用的膠板，有多種尺寸和厚度。這是皮件製作時，不論手縫或雕刻都必備的用具，表面有嚴重釘痕時可回收再製。

優力膠（金黃色，蕭氏硬度約 43）

是四種膠板中最軟的，打孔尚可，皮雕製作就不建議使用，過軟可能會影響敲打的準確度。

白色新料膠板（蕭氏硬度約 80）

PP 材質（不含雜質的新料），是最硬的膠板，如切菜砧板，但不吸震，敲打時較會產生噪音。

在機械瞬間重力下壓的情況下，為避免刀斬卡進膠板內造成作業上的困擾，會選用這類膠板，因其密度高不易壓深，且機械瞬間重力下壓力道平均，較不影響刀模；若在手工製作時使用須小心，以免工具受損，影響工具使用壽命。

灰綠色膠板（蕭氏硬度約 77）

PVC 材質，與黑色膠板相似，少量回收塑料，有吸震效果，適合斬類、皮雕使用，單價比黑色膠板略高。

3. 其他

大理石（花崗岩）

在膠板下方放置大理石，能增加硬度緩衝和穩定性、減少敲打時的聲音和敲擊力道，也可作部分釦子裝釘時的底座，是必備的用具。

大理石有多種尺寸可選擇，越大穩定度越夠，但也較重，可視作業環境做選擇。

地墊

在大理石下方墊上地墊，具有消音止滑功效，方便敲打作業，地墊有多種尺寸可選擇。

三、皮件手縫基本工具

所謂手縫是指「運用設計將皮重新裁切、變換造型，有時加上配件，再以手工縫合」。

皮革有厚度與硬度，必須先打洞後才能組裝縫合，加工時須將這兩個因素考量到設計中，它關係到組合的方式、大小容量、作品的堅挺和柔軟度的需求。

在工具的選擇上，金屬類固然有生鏽的疑慮，但沒有不會壞的物品，差別在於時間快慢和使用者的習慣。材質不是唯一的考量，但其他如熱處理、角度、弧度等加工技術，卻是很大的關鍵，皮革五金配件在耐酸上就很重要。

皮革製作時，可使用的工具很多，但並非每樣都需要，也不是看起來很像就可以，品質差異的影響還是很大。有些工具不是非用不可，更不是用了專業高級的工具就能技術大增，工具用起來是否順手才是重點，每個人習慣的手勢在手部彎曲、力量和手感等處都不同，不被限制並善用工具才是王道；了解每項工具的差異與特色，選擇適合自己需求的即可。

初學皮雕時，筆者買了一把裁皮刀，卻用不順手，握的方式讓手部很難施力，於是改為一把好用的美工刀；如今，創作作品已難以估算，仍以美工刀為主，包括皮革削薄也沒用過專業裁皮刀。年輕時喜歡用重的皮槌，拿起來有感覺，後來在教學時改用木槌後，也漸漸的習慣了，十幾次個展做出來的作品全是同一隻木槌。

這種技術性的工作，許多師傅會有自己獨有的工具，因為手部是很特別的結構，每個人都有不同特色，所以不要陷入迷思，也不要一心專注於工具蒐集中，畢竟要學習的是技術，而不是把玩工具。

1. 常用工具

間距規

能簡易作記號的工具，常用在手縫畫邊線記號使用，也可用來作距離的記號；做手縫線菱斬記號時，建議以邊線距離 0.3 公分為最佳。

可依個人使用習慣選擇尺寸。

間距輪

有不同間距可替換，使用時像輪子一樣滾動，能輕易壓出同等距記號。

邊線器

用於做邊線記號，也可用於皮件的壓線裝飾。

線引器

兼具拉溝器、直溝器與間距規的功能。

①拉溝器功能：只限在皮邊緣處或做縫線時使用，能拉出大小一致的溝槽，也能讓線藏在溝槽中，減少磨擦；在皮件製作需削薄彎折時，利用拉溝讓皮在不需削薄的情況下，就能輕易彎出要的曲線，免去削薄的麻煩。

②直溝器功能：沒有空間限制，可在皮革上拉出一條溝槽，也可在皮革欲折出角度時，挖出部分皮肉讓皮容易彎折。

③間距規功能：能簡易作記號的工具。

工具夾 3mm

簡便的夾孔器（3mm 皮線），代替平斬夾皮線孔，也可利用來夾掉打壞的釦子。

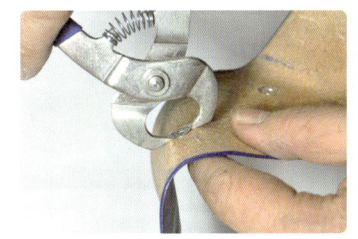

3mm 工具夾可夾掉打壞的釦子：

壓線器

金屬身可加熱後在鉻鞣皮上畫記號，也可用於皮件的壓線裝飾。

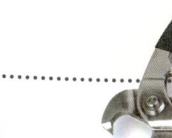

工具夾 2mm

2mm 手縫線用，通常運用在兩層以上的皮革黏貼要縫合時使用；或當立體厚度無法平放至膠板打洞時，可先在主體皮片以菱斬打孔，其餘黏貼上的皮，再用工具夾依主體皮片孔位置夾出縫線平斬孔。

日本菱型鉗

無聲打洞器，可代替菱斬，不會製造出敲打的聲音，適合都會公寓使用；有不同尺寸和孔數，但只適合皮革邊緣夾洞。

手縫夾板

可當作第三隻手夾住皮革，方便雙手同時一起握針，讓拉力更平均。

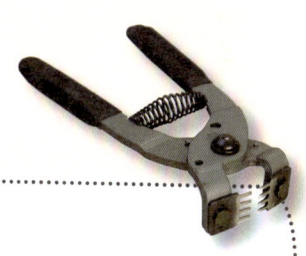

三、皮件手縫基本工具

日製菱斬

手縫時打縫線孔的必備工具，依需求選用適合間距，分為孔徑標示：3、4、5、6mm 或孔距標示：1.5、2.0、2.5、3.0（孔徑 3 ＝孔距 1.5，孔徑 4 ＝孔距 2.0）。

一般常用 4mm，大作品會到 5、6mm，而極小作品則是 3mm。

各家製作的菱形角度略有差異，縫製的效果也會不同，選購時首重敲出的孔型菱角，這關乎所要的斜線效果，而不是選擇容易敲打或拔出的菱斬。

菱孔的形狀影響縫線的斜度，弧度太大的角度處不要重複打，以免菱孔變成多角孔，會影響縫線的精緻度。

角度打孔差異圖：

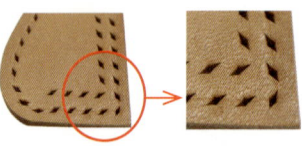

→ 縫線後直角不見

→ 直角明顯

在同一個作品裡，至少會使用單斬（角度的地方）、雙斬（有弧度時使用）和四菱斬（直線時使用），所以選用菱形孔徑時的穩定度就很重要，日製菱斬穩定度相較之下極佳。

另外，鋼材品質的差異則會影響使用年限，間距、選擇的線材和配色，則關係到縫製的效果。

直菱鑽

當皮革厚度太厚或有些地方無法使用菱斬時，就須用直菱鑽來鑽孔；若皮面要平放，可在皮下方墊著去膠片，以保護工具。

2. 毛邊用具

木製磨緣器

前端的平面（非尖端）用來磨皮的背面，後端數個凹槽用來磨皮邊，可依不同皮革厚度選用適合的凹槽寬度，但圓弧凹槽的弧度若不夠圓滑，將無法磨出漂亮的邊；兩端的大小圓頭也是塑型的好幫手。

此工具需搭配床面處理劑或 CMC 使用才有效，無上漆的非光滑面在磨擦時容易讓毛邊變光滑，多次使用後，若殘留太多床面處理劑會使表面過於光滑，可在水中用刷子刷洗再陰乾；若木身會殘留色料且影響作品，就需考慮依深淺色使用不同支。

修邊器

皮革有厚度，裁切後會有銳利角，需先用修邊器修掉皮革銳角，後續磨邊時才會讓皮邊緣圓滑、觸感好。

有不同的尺寸，鋼材品質會影響銳利度，好鋼材不用施力就能輕易修邊，需要慎選。

三角研磨器、研磨片

類似砂紙的專用研磨棒,可替換,有圓弧形和一般型;另有簡易研磨片。

玻璃板

和木製磨緣器類似,利用於大面積皮革背面磨緣,使用刀具時也可墊在下方以保護刀具不受損。

3. 背面處理劑

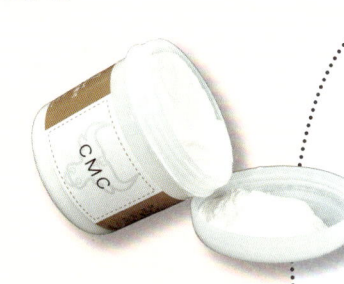

CMC

粉狀的皮革背面處理劑,使用前需先以熱水調成糊狀,找一個塑膠容器調好裝罐,約可保存三週,保存時間會因環境而有所差異。

塗抹後半乾前使用,需與磨緣器或玻璃板施壓、打磨才有效,若不慎沾到皮正面會影響染料吸收,所以要先上色才能塗CMC,自然黏性對鉻鞣皮革的效果不大,主要針對植鞣革背面和側邊毛邊處理。

床面處理劑

黏性佳、效果快速,針對植物鞣皮革與鉻鞣皮革的背面、側邊和毛邊都能有效處理。

塗抹後半乾前使用,需與磨緣器或玻璃板施壓、打磨才有效,若不慎沾到皮正面會影響染料吸收,所以要先上色保護才能塗床面處理劑。若殘留在皮面,可用濕布輕擦拭即可。除透明無色款,日製品牌也有黑色和咖啡色可選擇;品質好的處理劑在乾燥後會光滑不黏膩、效果自然,不會有塑膠感,觸感也舒服。

4. 皮革保養油

騎士貂油

固態霜狀保護劑,平常保養皮革的最佳保養油,以絲襪或紗布沾取擦拭即可。臺灣氣候高溫、潮濕,建議真皮每季至少以貂油保養一次,可延長皮件使用壽命。

若想要讓植鞣革經由光線和時間呈自然光澤,騎士貂油也是不錯的選擇。

馬脂肪皮革保養油

效果與貂油類似。

三、皮件手縫基本工具

5. 表面保護定色劑

特級仕上劑

含油質的液態保護劑，有滋潤和定色作用，可使皮革呈自然光澤的保護，也可用來稀釋油染。

皮件製作上色完成後，在皮革表面以紗布或尼龍筆輕塗一層特級仕上劑。

亮光乳液

主要成分是樹脂，為水性保護劑，為定色、保護使用。

效果為平光自然。

皮革消光劑

效果為消光。

皮革亮光劑

效果為亮光。

牛腳油

屬於細密油質，可滲透至皮革內，在植鞣革上運用可使皮革快速呈現蜜蠟色，使用後不一定要再上其他保護劑，油質有使皮革變柔軟的效果，但也會使皮革色澤變深，若想要鮮豔的色澤就不適合使用。

艷色劑

艷色劑與亮光乳液一樣為平光自然，只是不同廠牌。由於乾燥後會形成一層膜，可作為「油性」染料的防染劑使用；在上油染前先塗上一至兩層，可阻隔油性染料滲入過多，但擦拭時的力道要輕，避免擦掉已乾的保護膜，否則會造成畫面產生花點。

6. 黏貼工具

強力膠

強力膠是皮革最好的黏貼劑，乾後稍有彈性，不怕皮件因使用或彎曲導致黏膠脆裂，其強力的黏性讓皮革黏貼更牢固、密合，更為塑型貼合帶來便利。

要注意的是，施作時皮革需雙面上膠，待不黏手時再貼合壓緊（使用滾輪），才能有最佳效果，若上太厚會在側邊產生一條膠痕。

牙膏狀的包裝讓沾取更方便，但使用時需注意，平放會因壓力而流出，可插在筆筒上方便使用；切忌不要先擠出再慢慢沾取，因強力膠與空氣接觸後，會變濃稠而不好塗抹，也會影響黏性。

匠心皮革白膠

雙面上膠使用，需立即貼上，再以夾子固定，等待乾燥，乾燥後是透明或帶點白色。

也可用在麻線收尾黏貼。

Craft 皮革白膠

日製皮革白膠，上方圖為水性醋酸乙烯樹脂接著劑 100 型。

下方圖為 600 快乾型。

快乾膠

工藝用黏合膠，小面積時可快速黏貼。

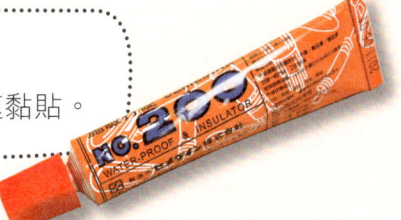

水性強力膠

以乳化合成橡膠為主成分，經 SGS 測試不含甲苯、甲醛，通過 ROHS 測試。符合 LEED 規範環保要求的水性、常溫接著劑，接著力強、可貼合時間長。

用途廣泛，噴塗或塗刷皆可使用，乾燥後呈現透明狀。對泡棉、皮革、木材、合板、美耐板、保麗龍、紙布、等均能發揮優良之接著效能；不適用於雙面均為不透氣，如金屬、塑膠等。

三、皮件手縫基本工具

7. 上膠工具

上膠片
上膠時沾膠的工具，使用方便除膠的特殊材質，有點硬度不易變形，也不易受強力膠腐蝕，平面的切口利於上薄膠，讓上膠更順手；依製作面積有多款尺寸可選。

去膠片
強力膠的不傷皮橡皮擦，當皮革殘膠或溢膠時，可用去膠片將膠擦除。

滾輪
黏合皮革時使用滾輪壓緊以壓出空氣，能使皮革黏貼更密合，避免加工時皮革分開，增加作品精緻度。

8. 線材

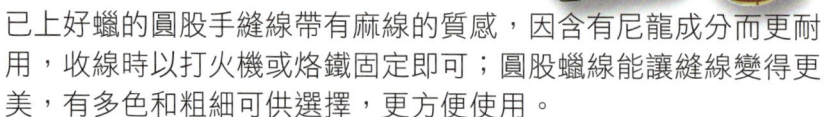

手縫蠟線
已上好蠟的圓股手縫線帶有麻線的質感，因含有尼龍成分而更耐用，收線時以打火機或烙鐵固定即可；圓股蠟線能讓縫線變得更美，有多色和粗細可供選擇，更方便使用。

若使用扁線則不易縫出整齊的縫線，因扁線屬於織帶中空型，會因拉力出現在不同面向，產生粗細不一的縫線，降低皮件細緻度。

以皮件搭配考量而言，皮越厚、線越粗，皮越薄（或軟）、線越細；另外，內接皮件以極細線較能顯出精緻度。

扁線（上）、
圓股線（下）
比較圖：

日本麻線

麻線與皮革最為合適,會讓作品顯得更高級,但線材縫製時會因摩擦而毛躁,使用前需要上蠟減少摩擦,收線時再以白膠固定。

尼龍線本就較滑,可不需上蠟,但在機縫(針車)的機器轉動下,比較適合使用尼龍線,不能用上蠟的線。

線蠟

麻線上蠟專用,臺灣濕氣重宜選擇較不黏膩而乾爽的蠟塊。

使用麻線時須先上蠟,幫助縫線時線材的滑順,避免麻線因摩擦產生毛躁。

皮線

用來編織、縫製,原色可自行用皮革染料上色,作出不同效果與變化。

因受限牛隻大小,皮線並不能無限延長,長度不夠時,兩端需斜切45°再以強力膠貼合。

縫製前可先上蠟(一般的蠟燭),減少摩擦產生的皮屑和毛面,也方便縫製。

使用範例圖如下:

三、皮件手縫基本工具

9. 縫線針

日式皮針
縫製皮線用的皮針,穿線方便是其優點,但容易損壞故汰換率較高;卡線的突出點可能會在縫製穿孔時傷到皮革,類似髮夾的結構會因長期使用而鬆開。

圓銅針
縫製皮線用的皮針,尾端有螺牙,皮線須斜切 45° 後旋轉卡入螺牙內;圓形的皮針方便轉換方向,除非皮線卡在螺牙裡,否則針是不易損壞的。

手縫針
皮革專用手縫針,針頭屬於尖頭,適合中細線使用。縫製時可能會不小心扎到手,但方便施力,表面處理滑順,好拉、好縫,如有注意使用方法的話會是支順手好用的針,不過還是依需要和習慣選擇。

紉針
針頭屬於圓頭,比較不怕縫製時不小心扎到手;針眼較小,適合細線或極細線使用。

10. 裁切工具

裁切皮革(裁皮、削薄)的重要工具,要考慮便利性和鋒利度,可依個人經濟考量和操作習慣做選擇,不一定要用專業的裁皮刀,順手好用就是好工具。

越薄的刀越銳利,刀口的斜度會影響銳利度。

美工刀、刀片
大支美工刀好使力,但刀片厚,可用在厚度 2mm 以上的皮革。

通常是以小刀配合 30 度美工刀,小刀輕巧好用、好握,30 度刀片輕薄銳利,方便裁切彎度和弧度,練習得好也是削薄的好幫手,用來裁切皮革是很好的選擇,注意要選擇好施力的刀柄和穩定的刀鋒;裁切時勿將刀片推出過長,兩格就夠,以免刀片彎曲,刀片不利可折掉或汰換。

三、皮件手縫基本工具

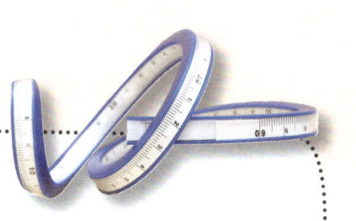

曲線尺
方便做出曲型線條，還有刻度方便測量尺寸，彎曲線條的製作與丈量都方便。

換刃式裁皮刀
刀刃變鈍不利時可汰換。

直角三角尺
設計用的計量器，細微刻度讓尺寸更精準，直角或平行線丈量和裁切都能輕易做到，透明面板可清楚看見皮革狀況，更方便做出準確的測量，側邊鑲有鐵條不怕裁切時傷到，寬廣的面板足夠手掌壓在上面，讓裁切更安全順手。

皮革剪刀
特殊鋼材，極為銳利，在裁剪皮革、軟皮或其細小處有其優勢，尖處設計能深入每個細縫，使作品更為完美，但不建議用來剪厚皮革和植鞣革。

美貴久裁皮刀
單刃的專業裁皮刀，仔細研磨後會有最佳的銳利度，裁切削薄都好用。

切割墊
工具裁切時，用以防止桌面或作業檯面受到割損，也可當作書寫墊使用；由於裁切皮革的刀相當銳利，要選用品質好的切割墊才不會經常汰換，亦有無塑化劑、安全的環保切割墊可選擇。

11. 打孔工具

皮革的挖空打孔用斬類，圓形斬使用最廣，不僅是釘釦前必備的工具，縫製皮線時也可用圓形斬敲打，更方便作業。另外，還有花型斬、角斬、半圓斬、皮帶斬以及皮帶尾斬等，這類工具越大支，阻力便越大，施作也越困難；角斬和半圓斬則只有單邊，敲打時要將工具傾斜一邊，才不會因滑掉而打不出效果。

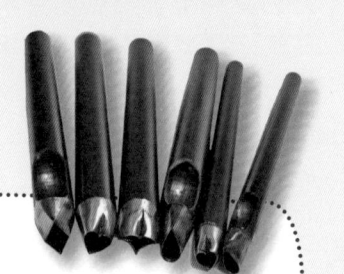

花斬
各種花樣的斬孔。

皮革打出花樣形孔的同時也鏤空，可創造出各式花樣，或作新花樣的排列組合，輕敲不切斷也可做出各式花紋。

半圓斬
方便裁出皮革半圓形，尺寸 1.2mm 常用於縫製拉鍊時的開口，另還有 1.5、2.0、2.5、3.0、4.0mm 等各種大小可供選擇。

丸斬
又稱圓斬，用來打孔。

皮革打出圓形孔的同時也鏤空，裝釘釦子前須先以丸斬打孔，才能套上釦子進行裝釘。鋼材材質和施工技術會影響品質，也會影響施作效果，有些是表面磨得很亮，銳利度卻不夠，有些則是鋼材硬度不適合、不耐用。

釘釦時常用的尺寸有 8 號、10 號、12 號和 15 號，雞眼釦則要搭配不同大小使用，縫合皮線可搭配 7 或 8 號。

皮帶斬
大型的長條花斬，製作皮帶必備的工具。

平斬
3mm 平斬用於皮線縫合要更細緻時使用，有單斬、雙斬、三斬、四斬以及斜斬。

單斬有其他尺寸可選擇，作為切刀以協助工作。

平斬與斜斬皮線縫合效果比較圖：

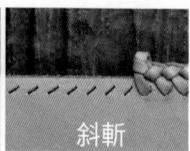

平斬　　斜斬

角斬
方便切出皮革角度的斬刀，可依作品選擇適合的 R 角尺寸。

皮帶尾斬
方便裁出皮帶尾端漂亮外型的斬刀，可依作品選擇適合的尺寸和弧度。

12.附件五金用具和組裝

為釦類、釘釦等工具,各種釦子都有著不同結構,需搭配相對的工具組裝,除了特別的設計(美蓋式磁釦斬),只要尺寸不同,便不能共用工具。

✿ 四合釦

四合釦工具:衝鈕器

四合釦的上沖棒,臺灣常用之面徑尺寸分為 10mm、12mm、15mm 共三種,各家製作的大小略有差異,會影響敲打效果,若尺寸和切口(虛線處)與釦子有異,敲打的結果會使釦子變形,需多加了解才能選對工具。

不需底座,但不能在膠板上敲打,要如金屬或石材等硬檯面才可以直接敲打。

四合釦組合方法

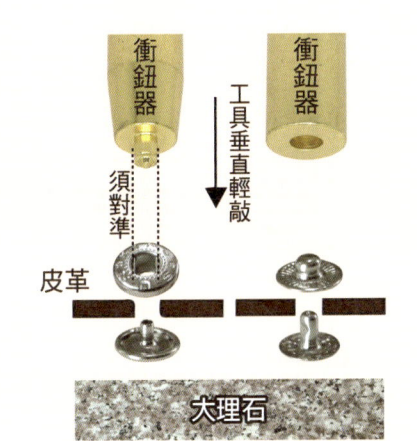

四合釦實體

輕鬆好開啟的釦子,作為皮件的活動開關使用,面徑越大越緊;皮薄、小作品等最適合,比較有柔和的效果。

✿ 牛仔釦

牛仔釦敲打工具:牛仔釦斬

牛仔釦上沖有 12.5mm、15mm 兩種尺寸,15mm 也可用在空心釘的組裝;不需底座,但需要在硬檯面如金屬或石材上敲打,不能直接使用膠板。

牛仔釦組合方法

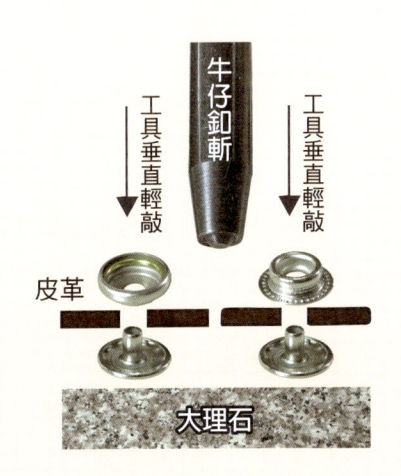

牛仔釦實體

可以開啟的釦子,作為皮件的活動開關使用,特色為較緊,皮薄,小作品較不適合,使用後可能讓皮變形,可以製造出有個性的效果。

✱ 固定釦

固定釦組裝工具：平凹斬

釘固定釦時使用的上沖，若是雙面固定釦，還需配合底座（環狀台）。

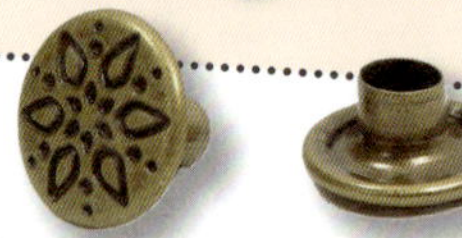

有花紋的固定釦實體

用於皮與皮的接合固定，有素面也有各式花紋，帶有裝飾作用；選用時最好有耐酸處理，因皮革屬弱酸，鐵製品長時間接觸易變質，銅質釦則會產生銅綠。

選擇上除了不同面徑，也分不同腳長，代號標示若為（8×6），前面數字 8 為面徑、後面數字 6 為腳長，若標示 10×8，則表示其面徑 10mm、腳長 8mm。面徑關係到皮面積，腳長關係到皮厚度，腳長如過長，皮厚度會使釦面變形或歪掉，太短則無法卡住、固定釦子，建議腳長最少比皮革厚度多 2mm。

另外，也有顏色和材質的區分。

環狀台

固定釦裝釘的雙面下座台，也可用於空心釘裝釘的底座，有分尺寸大小。

固定釦組合方法

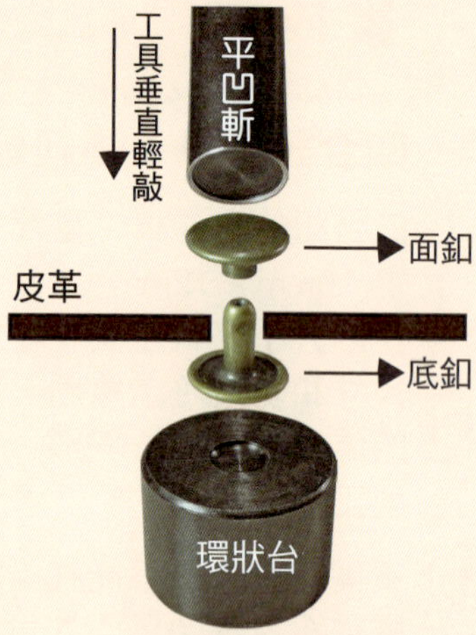
平凹斬
工具垂直輕敲
面釦
皮革
底釦
環狀台

✱ 圓釦

圓釦敲打工具：圓凹斬

釘圓釦使用的上沖，圓弧的弧度不同就要搭配不同的斬，沖棒弧度和釦子弧度不合時，敲打後的釦子會變形，或釦面產生多餘的突出紋。

圓釦實體
（單面釦，不需底座）

可裝飾、可固定的釦子，除了不同面徑，也分不同腳長，和固定釦類似，只是面釦微凸，依皮件厚度作選擇。

圓釦組合方法

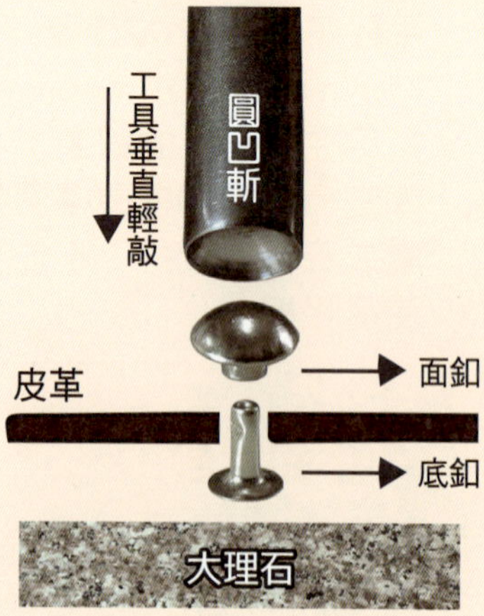
圓凹斬
工具垂直輕敲
面釦
皮革
底釦
大理石

❋ 仿石飾釦

仿石飾釦
可裝飾、可固定的釦子，除了不同面徑，也分不同腳長，依皮件厚度作選擇。
組裝方式與圓釦相同。

❋ 美蓋式磁釦

敲打工具：美蓋式磁釦斬
美蓋式磁釦專用組裝工具。

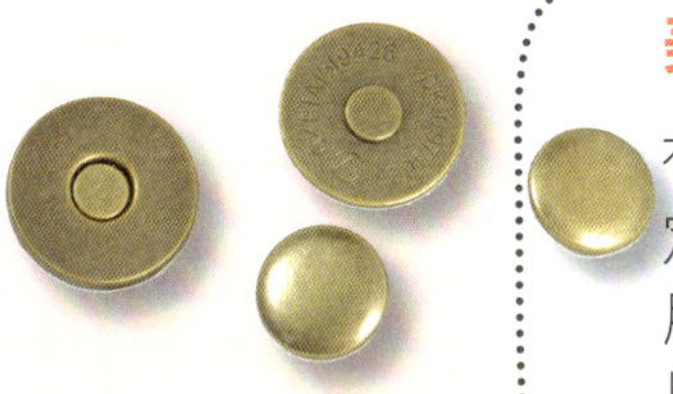

美蓋式磁釦實體
有磁性的釦子，是單腳與固定釦面的裝釘，單層皮可使用，安裝時需搭配專用釦斬以避免變形。

美蓋式磁釦組合方法
工具：美蓋式磁釦斬組

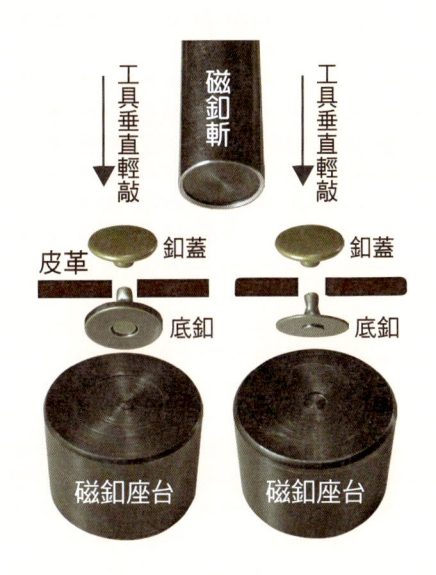

工具垂直輕敲　磁釦斬　工具垂直輕敲
皮革　釦蓋　釦蓋
　　　底釦　底釦
磁釦座台　磁釦座台

❋ 磁釦

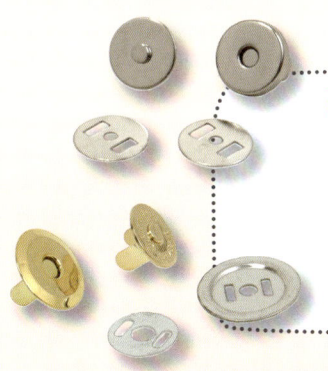

磁釦實體
有磁性的可開啟釦子，傳統型有兩個凸出的腳和套片，裝釘後留下粗糙的腳與套片的金屬面，需再以另一片皮革覆蓋。

一般磁釦組合方法

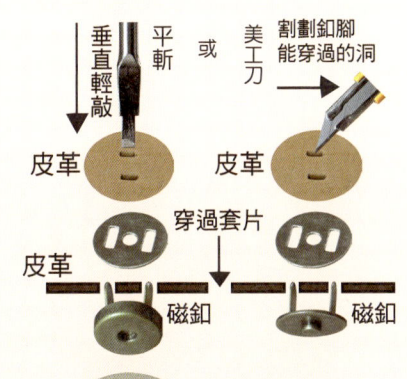

垂直輕敲　平斬　或　美工刀　割割釦腳能穿過的洞
皮革　皮革
穿過套片
皮革　磁釦　磁釦

再用尖嘴鉗將兩腳往兩邊固定

23

三、皮件手縫基本工具

✻ 雞眼釦

雞眼釦敲打工具：雞眼釦斬
雞眼釦的專用裝釘工具，上沖加底座為一組。

雞眼釦實體
固定皮革所挖出的圓孔，使其不變形，也有裝飾作用。

尺寸很多，須依釦子大小選擇同規格的座台。

雞眼釦（環釦）組合方法
工具：環釦斬組

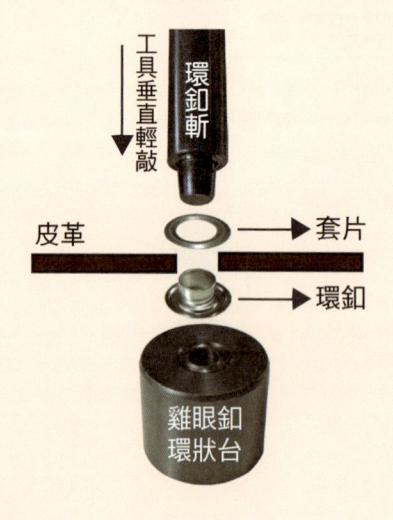

工具垂直輕敲 → 環釦斬

皮革 → 套片
→ 環釦

雞眼釦環狀台

四、皮雕基礎教學

相較於重視技法運用卻欠缺對大自然的細心觀察，難以展現柔和與動感的工藝，藝術創作更重視前後立體層次的表現，其運用線條粗細、顏色深淺、明亮或模糊等手法，創造出讓人能在平面空間中感受到的立體美學；皮雕，雕字為「立體」之意，既有高低、深淺、前後等關係，要讓旁人感受到不僅硬卻層次分明，並非僅是工藝的鑽研，但如何在1mm～5mm的厚度中呈現，就需要運用不同的表現技法，常見的皮雕技法共有以下十種：

| 傳統雕刻 | 逆雕 | 線雕 | 陰雕 | 鏤空雕 |

| 浮雕（壓叉器運用） | 浮雕（鑲雕） | 寫生雕 | 電燒 | 印花工具敲打 |

先藉由水分讓皮革變軟，再運用特製的工具和紋路，於植鞣革上敲打、擠壓以產生花樣，若只是用制式的工具敲出圖案是比較簡單的，但如果想要提升技巧，就須從傳統雕刻的基本功開始練習，以學會掌控工具、控制力道、拿捏皮革水分以及工具角度的變化，熟悉後再進入寫生（寫實）雕刻；瞭解雕刻題材的特點、善用工具的變化、選擇合適的皮（Q軟度），掌握好這幾項要點，皮革創作就能產生多樣而豐富的作品。

善用角度和力道的變化，同一支工具可以產生不同的視覺效果，紋路的粗細也能呈現明暗，像是基本雕刻中常見的網紋，越細密呈現的效果越暗，越疏越粗呈現的效果越亮，細紋能給人更深的視覺效果；舉例來說：打邊的B198（印花工具編號）有荒（粗紋的代號，「荒」為日文字的粗）較明亮，常用的細紋較暗，這就是為什麼大部分的人都用細紋，因

為它能給人更深的視覺效果，而A104（印花工具編號）細紋為暗、A888（印花工具編號）粗紋則為亮；陰雕技法中，就運用A104細紋來表現暗處，A888為最亮處，還有A98（印花工具編號）和A99（印花工具編號）讓畫面的明暗效果更豐富，但當設計雕刻的圖案加入背景，就要開始思考目的，背景並不是讓畫面更花俏以及失去焦點，而是讓主體更突出，凸顯主題而非喧賓奪主。另外，自然界的葉脈越接近尾端越細，越靠近根部越粗，以V系列打葉脈時，工具斜著敲就能產生深淺的效果，而平敲就只是把現有的紋路留在皮上而已，並不能產生深淺的視覺效果，這就是皮雕中有趣的變化，並非拿一樣的工具做出一樣的紋路。

皮雕的困難在於，要在普遍厚度3mm左右的皮革上呈現凹凸有致的立體效果，它不能像其他雕刻媒材一樣，把不要的地方削掉即可，只能利用敲、擠、塑、切、推來製造層次，除了皮本身的延展性要足夠之外，還需要技法和立體概念，善用工具、細心觀察以及清楚創作題材的立體層次等，作品才能更有特色並讓人心動。

1. 皮雕入門基本工

皮雕要好，就需要工具角度、水分多寡、力道拿捏這三者的搭配得宜，也就是工具角度的掌控與靈活運用，皮革會因施力而產生變化，初學者首重線條的流暢，就如同寫書法時先練運筆，掌控好筆的方向、輕重、流暢；就皮雕而言，除了雕刻刀線條的流暢，立體還要有深淺及表情，不過前提是線條要順，所以打邊時切記不要留下工具痕跡，如果多出不該有的線條就會顯得粗糙，也讓人看得眼花撩亂，練習皮雕時，不妨找些作品放在一起比較，有實物對照會比較明白。工具的角度、水分、力道之改變都會造成不同的效果，就像適度的留白（與外緣線條空出的部分，整個畫面要留下的部分）會使畫面更立體，並不是每個地方都要拿起工具敲打，這就是空間配置的重要性。

皮雕印花工具以號碼在後、英文代號在前為分類，大致而言，S多用在花心、A為背景、B為線條等，初學者可依這樣的脈絡選購工具；就創作而言，是工具協助達成效果，而非遷就工具，選擇對的工具，比選擇貴的工具重要，善用工具角度，能使單一支工具產生多樣面貌。創作的線條、圖案、想要的效果等，不一定都有符合的工具可以運用，初學者選用基本工具時，可先從傳統雕刻入門，傳統雕刻主在表現力道，而整齊、規律才會產生力道，其圖案有固定的脈絡可循，自然界裡也能看出關聯性，畫圖前可先多瞭解再下手，抓住工具特質並靈活運用，待熟悉再慢慢做出其他變化。如果學會運用工具不同角度的特點，就不再受限，創作過程也會更有趣，不再永遠都缺一把「好工具」。

只要目的地確定，便可選擇不同的交通工具、不同的方法到達，認識工具、清楚目標並活用身邊的資源，善用工具就能變化出不同效果。皮雕的印花工具並不是備足所有工具或是所費不貲就能做出好作品，對於工具的紋路角度差異多看、多問、多聽、多比較，才

是選購工具的不二法門，有很多工具卻沒有將角度、紋路做出來，效果將大打折扣。筆者認為，過程是自己在經歷、在享受的，工具運用沒有僵化的教條，只要不損壞工具，運用靈活的雙手與思考來產生漂亮的效果，才更有意義，也不會一直說玩皮是錢坑；皮革雕刻需要「細心」和「耐心」，多練習、多觀察，會發現皮革與工具應用變化是如此迷人。

2. 選擇皮革的技巧

不論手縫或皮雕，選擇「適合」的皮都會更容易達到效果。

以初學者或傳統雕刻皮革而言，選擇質地鬆軟的皮革較易入手，寫生雕刻則需彈性強、不易變形的。塑型皮質韌性強，皮越扎實越容易讓紋路停留，磨邊效果也越好，彈性越大的皮越能發揮，但對初學者來説卻顯得更難掌握。

植鞣皮革本身硬挺度高，製作皮件時的重要考量就是厚度，若要雕刻，建議厚度在1.6mm 以上，1.5mm 以下有些單薄，敲打時難以施力，皮夾或小作品可用 1.6mm，需要有些支撐力（本子、大型包）的作品可用到 1.8mm 或 2.0mm。大原則是身上用的選最薄的，不是身上背的作品則選最厚的。

3. 雕刻刀使用方法

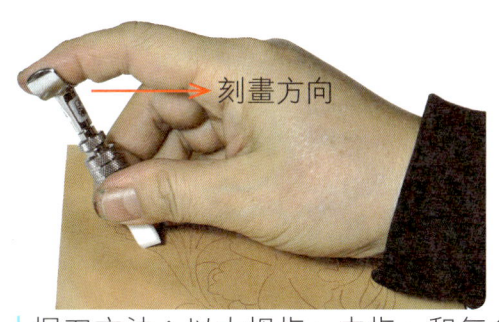

01 握刀方法：以大拇指、中指、和無名指握住刻刀的桿部，方便有力的轉動刻刀，食指的第一或第二關節放在托肩上半圓處。
運刀方法：雕刻時食指不要下壓，以免影響刻刀滑動，食指功能在於幫助大拇指、中指、無名指旋轉時控制方向。轉動時將刀身往前傾，利用刀子前端刻線，依箭頭方向往內拉。

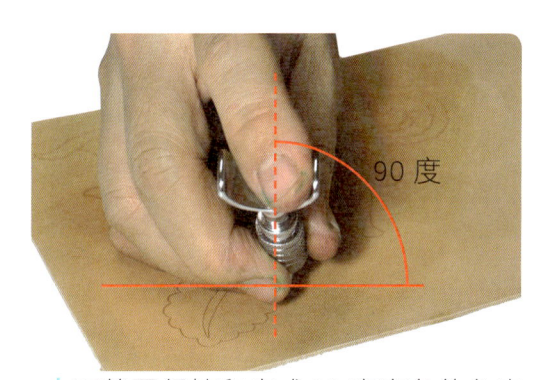

02 刀鋒要保持和皮成 90 度直角的角度，不論轉彎或直線皆以刀刃中鋒刻線，類似握毛筆寫書法；若歪斜為偏鋒，刻出的線條會顯得太鋭利而不好看。

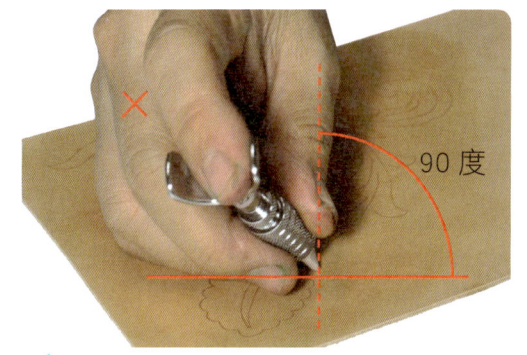

03 圖為要避免出現的偏鋒，刻出的刀痕會如同斜切魷魚，變薄並翻皮。

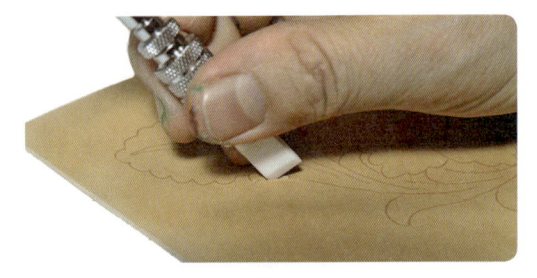

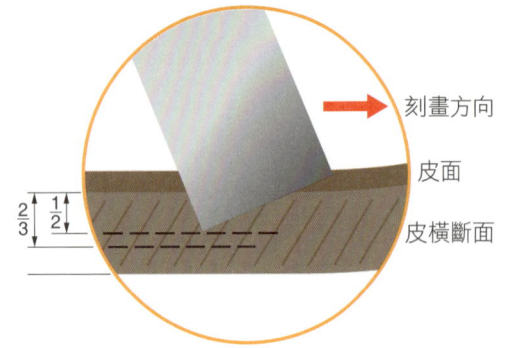

04 | 以刀身前刃刻線，理想雕刻深度約皮厚的 1/2～2/3 之間。

05 | 自學者需注意「師法自然」，觀察花卉樹葉的生長脈絡，雕刻時也要留意原點（生長方向）位置，這樣刻出的作品會更流暢而美麗，與大自然貼近。

06 | 細心觀察自然生態，黑白照片中的扶桑花能清楚看出花瓣和葉脈的紋路，注意立體物相的線條並非呈現筆直，紋路的粗細及生長方向可運用在雕刻上；雕刻時深淺反差越大，視覺的立體效果越大。

07 | 可對照傳統雕刻圖上標線與上圖花照片標線的關聯性。

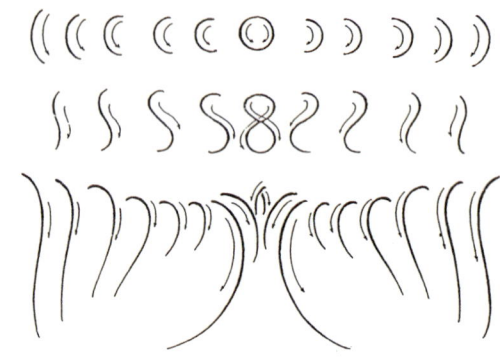

08 | 初學時可多練習雕刻線條，練習轉動的順暢度。

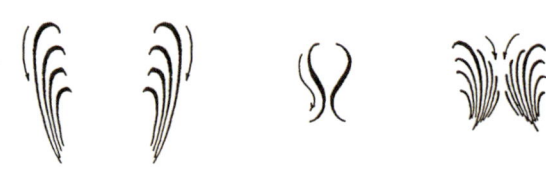

09 | 傳統雕刻最後的裝飾線也要注意曲線、深淺效果以及原點位置，這樣才不會顯得呆板。這部分要不斷練習，就如同寫書法，久沒寫字就不那麼美了。

4. 傳統雕刻基本技法講解

01 | 雕刻前先決定要的圖稿。
此處以謝里丹圖騰為例，但為了讓讀者也能運用在基本唐草，少部分以基本唐草表現方式介紹，讓讀者對基本工具運用有所認識。

02 | 利用描圖紙放在選好的圖稿上，以 HB、B 或 2B 鉛筆在描圖紙上依圖稿線條描繪，要注意線條之間、前後的關係和連貫性。

03 | 準備沾水海綿、描筆與皮革文鎮。

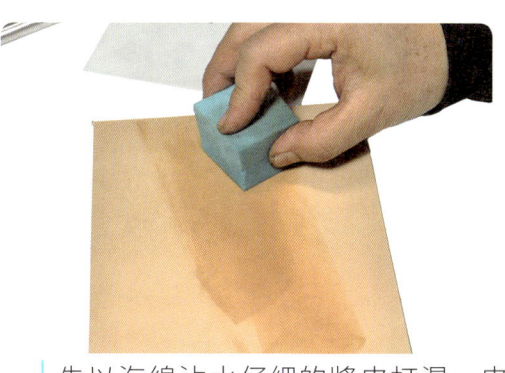

04 | 先以海綿沾水仔細的將皮打濕，皮若沒確實打濕，描出的線條會不夠明顯。

05 | 將描好圖稿的描圖紙放在皮上，利用皮革文鎮壓住紙稿固定，再用描筆依描圖紙上的線條描上一遍。

06 | 皮上留下線條。

07 | 確實將每個線條都描好。

四、皮雕基礎教學

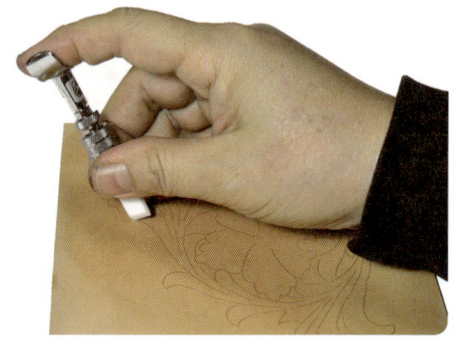

08 | 利用雕刻刀將描好的每條線都刻過。注意刀鋒的力道與深度，並保持與皮垂直。

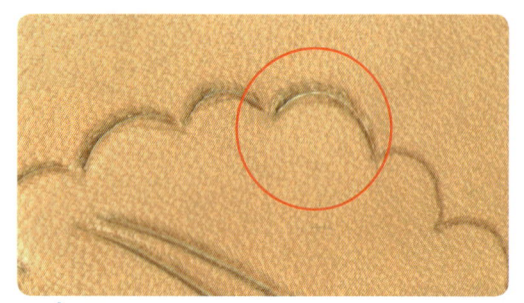

09 | 雕刻時要避免刀鋒沒有垂直，否則易產生偏鋒。

10 | 完成線條雕刻。
傳統雕刻中，這時候刻出的每個線條都要以打邊工具敲過。

11 | 保持皮一定的濕潤度。

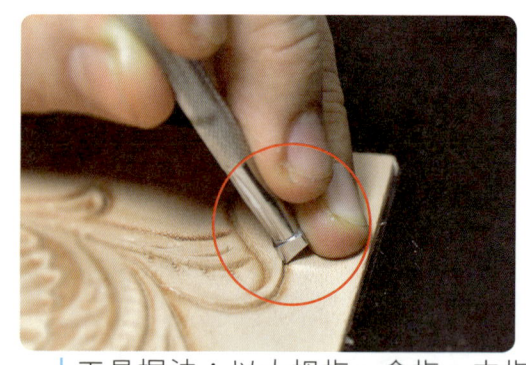

12 | 工具握法：以大拇指、食指、中指握住工具，無名指指腹一半頂住工具，另一半壓住皮革，這樣可穩住工具；小拇指則以指腹壓在皮上，如此握住工具就可輕易移動且不會晃動，讓敲打順暢。

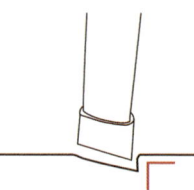

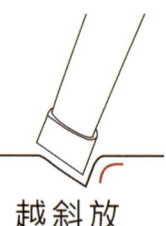

越平放　　越斜放

13 | B198 以傾斜角度深入剛雕刻的線中，利用工具前端敲深線條。並利用工具的直面位置輕壓皮，藉以修飾雕刻線條，讓線條更圓厚。
Craft 的 B198 工具放越平，與皮的接觸面越大，故越難打深，但紋路會越寬；反之，越斜放，敲出的線條越窄，但越容易敲深。
詳情可見上圖，工具斜放能修飾雕刻線條的銳利角，產生圓厚的視覺效果，並且容易敲深；平放時因與皮接觸的面積變大，阻力也增加，所以需要敲得更用力，比較不容易讓工具卡進雕刻線條中，藉以敲出流暢的邊。

四、皮雕基礎教學

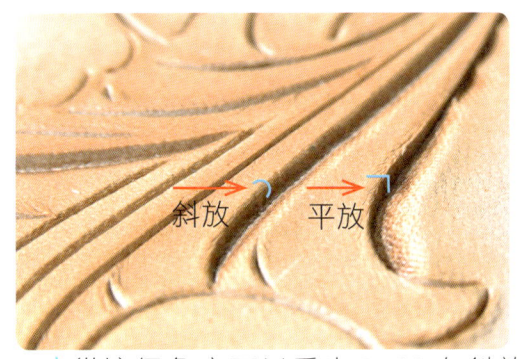

14 | 從這個角度可以看出 B198 在斜放和平放時的差異，斜放產生圓弧（標示弧線）增加厚實度，也讓線條更柔美；平放留下刻刀的銳利角（標示直角），略感粗糙，缺乏精緻感。

15 | 彎度大的地方可利用 B701 或 B936，較窄的工具較易於轉彎，以敲打出曲線。

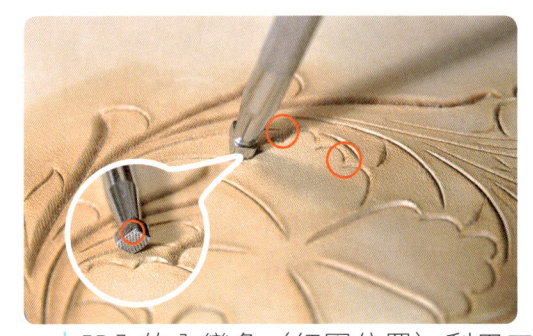

16 | 凹入的內彎角（紅圈位置）利用工具尖端的角度傾斜敲打整理乾淨；工具角可見放大圖。

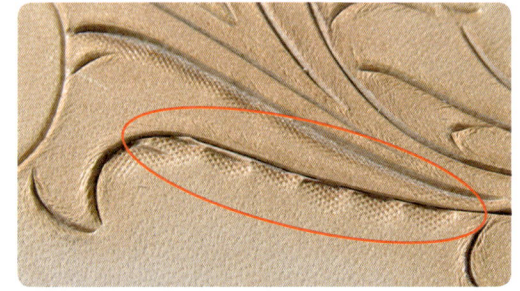

17 | 如圖為錯誤示範，B198 工具邊緣沒有確實卡進雕刻的線中，以致出現雙線顯得雜亂，切忌敲出多餘的工具痕跡。

18 | 當敲打出多餘的混亂痕跡時，要再利用 B198 輕輕敲打、整修，讓紋路平順。

19 | 所有線條都確實敲過後，注意工具的方向和位置；在傳統雕刻中，B198 放的位置都在線條的外側。

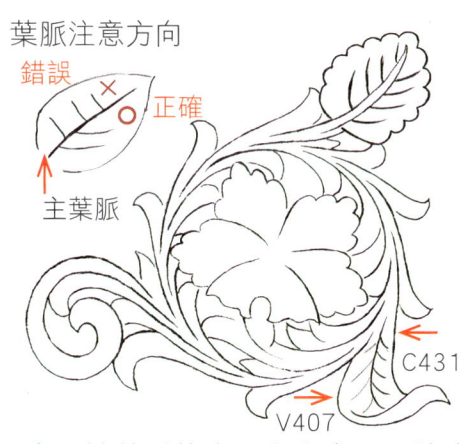

20 | 關於葉脈的表現和方向，要注意旁支葉脈與主葉脈不是垂直關係。
另外，在傳統雕刻中，會用 C431 與 V407 配搭，做出葉脈效果，為了呈現葉脈的粗細漸層，這兩支工具會運用斜放以做出自然的漸層效果。

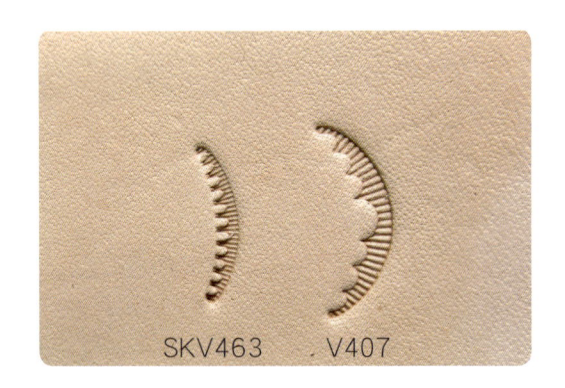

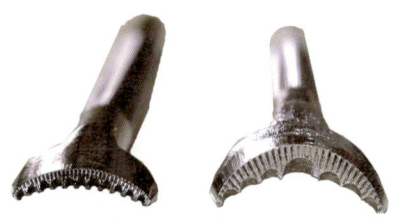

21 基本唐草比較寬大，通常以右邊的V407為主，運用彎度大、紋路寬的工具處理葉脈和捲葉。

謝里丹風格的線條纖細，以彎度較小和紋路細小的工具為主，如V463、V708或其他紋路細小的V系列工具。工具可依紋路選擇，並無哪支工具才可以的堅持，只要比例的配搭協調好就可以，運用工具角度變化出想要的效果也會很有趣。

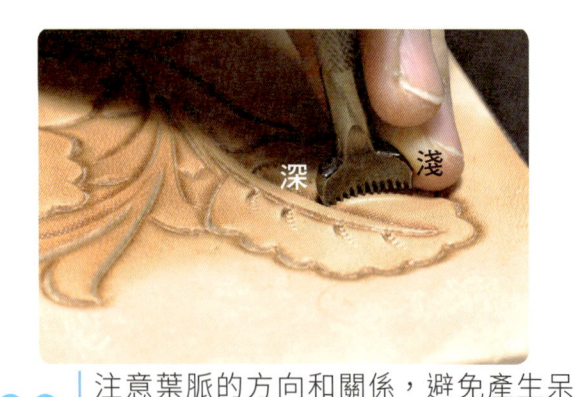

22 注意葉脈的方向和關係，避免產生呆板視覺的對稱放置；在大自然中，植物生長有對生和互生，傳統雕刻則以互生為主，會有比較自然的表現。

工具稍傾斜敲打時，可製造出葉脈的深淺漸層效果，越接近根部越深（粗），越尾端越細越模糊。

23 捲葉運用可觀察蕨類，越接近根部，與主幹的垂直越明顯，而越接近尾端越模糊，V463或708運用也是以傾斜來做出深淺效果，要注意與主幹角度變化的關係。

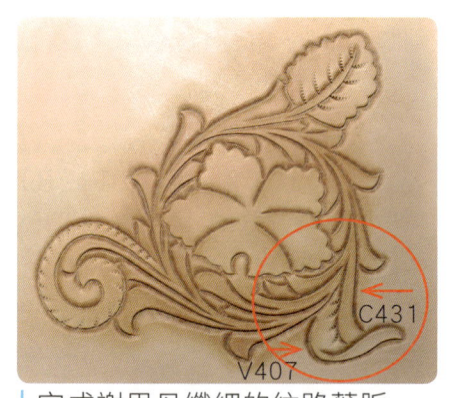

24 完成謝里丹纖細的紋路葉脈。

在基本傳統雕刻時，紅圈處會用C431與V407共同搭配，作出葉脈紋路，而謝里丹風格面積較小，大多只用一邊V463，另一邊單純刻上裝飾線，可自行變化出有自我風格的作品。

25 花心運用有多種方式和工具，這裡選擇J系列工具。上圖分別為Craft-SKJ565、Craft-J615和臺製J615的差異。由於Craft-SKJ565外緣較自然，能展現自然花心，臺製線條過於僵硬較難展現層次效果，故這裡選擇日製Craft-SKJ565。

四、皮雕基礎教學

26 | 花心工具本身已有層次效果，只需垂直放中心敲打。

27 | 敲好花心圖案。

外緣深

28 | 葉子以 P 系列敲打時，要注意生態方向，這裡用鉛筆畫出深淺變化，虛線代表工具拉的方向，葉子葉脈生長時與主葉脈成斜線關係（並非垂直），敲陰影也要依循這樣的方向；傳統雕刻 P 系列敲打，以外緣為深，越接近主葉脈則越淺，藉此展現深淺效果。另外，也要注意空間的應用，留白拿捏得宜能增加敲打的可看性，太滿變扁，太少則失去效益，多觀察比較就能看出差異。

尾端深　　起點淺

29 | 這裡的 P 系列敲打一樣要注意空間運用留白，注意深淺變化。為了標明差異，特以素描方式做出深淺變化，要注意虛線標註的方向關係（工具要拉的方向）；傳統雕刻 P 系列敲打，尾端最深，越接近起點越淺。

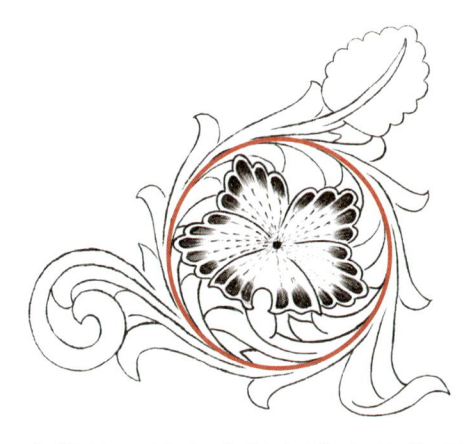

30 | 印花工具 P 系列在花卉的生長方向上，一樣要注意方向與花心的關係，以及深淺的變化，最深的地方要與花瓣外緣外型有協調性；虛線標示方向連結的關係，和前面扶桑花對照，可看出延伸運用。

31 纖細的圖使用 P367 細長型，利用傾斜角度讓前端敲出較深的紋路，若放平則會讓敲出的痕跡變細長，導致僵硬且呆板，同樣要注意方向和外緣線條形狀的協調與空間運用；傳統雕刻中大多以 P206 開始，選購時可大、中、小，再善用角度變化就可以，不一定要購入整套。

32 這裡前面外緣尖，以 P367 另一端敲出協調的畫面。

33 完成 P 系列工具運用。
選用工具 P367、P972、P703 或 P233。

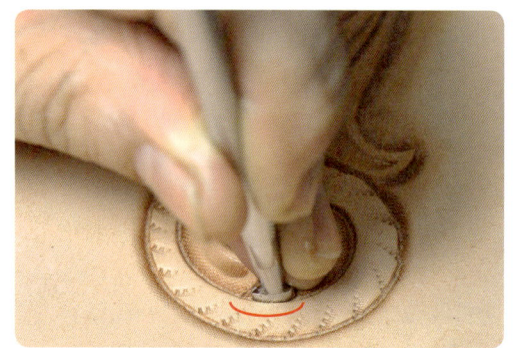

34 在線條邊緣處，先使用 A104 工具邊緊靠線條，並且稍傾斜敲（如圖工具角度），可以讓邊線處理更乾淨，並且壓更低；讓高的更高，低處越低，就能有更立體的效果。

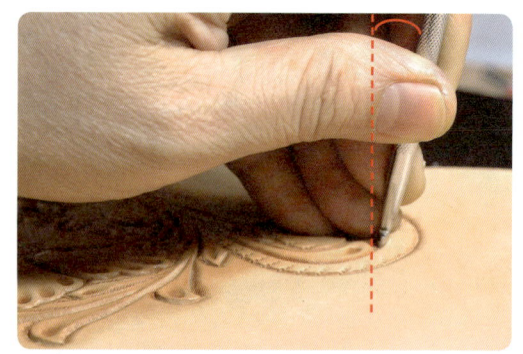

35 以這樣的角度靠住邊線，容易敲出乾淨的邊，先在線條邊緣利用工具邊緊靠線條，並且稍傾斜敲，可以讓邊線處理更乾淨，並且壓得更低。

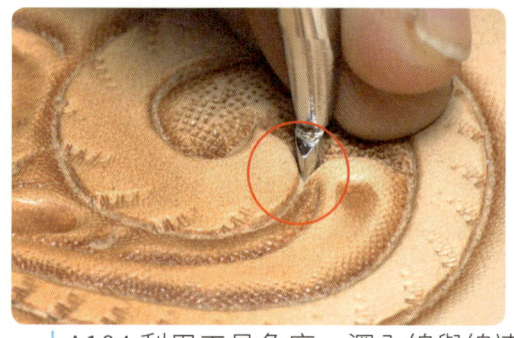

36 A104 利用工具角度，深入線與線連接的三角點，稍往前傾斜敲，可讓線條關係更明朗，畫面更分明且立體。

37 A104 將外圈（線條邊）敲完，就可輕易將內部敲平（如圖）。

38 完成時應如圖之邊緣，平整乾淨俐落。

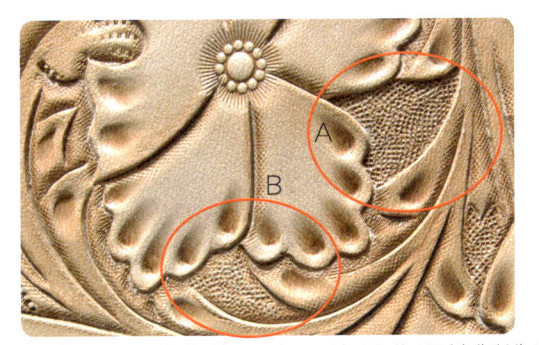

39 | A104 敲出背景之目的並非單純製造紋路，錯誤示範如紅圈 B 處，只輕輕敲上紋路，僅讓畫面變得花俏，對立體效果沒有顯著幫助；要像紅圈 A 處，確實敲低且平整，表現的圖案自然高出，並增加立體度。

40 | 注意 A104 敲過並留下的工具痕跡，出現多餘線條會使畫面更加混亂，若遇到這樣的情形，可減輕力道慢慢修平；敲打 A104 背景工具時，皮革上水分要少。

41 | C431 可輕輕敲出花心延伸線條，注意力道和角度，此技巧只需要模糊自然感。

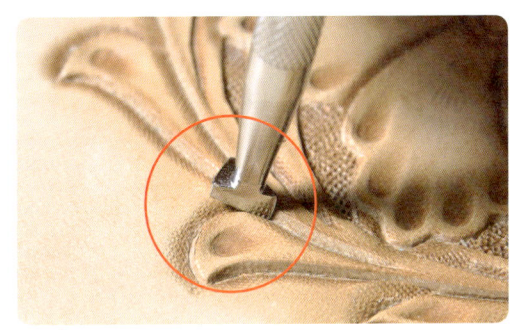

42 | 花心延伸線條示意圖。

43 | 利用 F976 三角工具深入線與線的連接點，輕輕敲讓線條完美銜接。

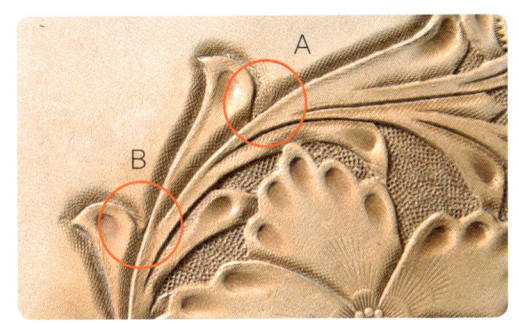

44 | 紅圈 B 處只以 B198 敲過，故留下斷層；紅圈 A 處有以 F976 三角工具修過，讓線條表現更清晰完整。

45 | 基本唐草以 U710 尾端尖形作線條終止的裝飾變化，這張圖中的纖細線條則以 U855 尾端圓弧形做線條終止的裝飾；當工具越直，力量越大，越能打出越大的紋路。

四、皮雕基礎教學

46 | 工具越斜，打出的紋路越小。如此，可以利用工具角度和力量的變化，做出漸層的效果；越後面越斜，力量也越輕，就能產生自然層次。

47 | 多練習深淺的變化，就能做出靈活的作品。

48 | 完成傳統雕刻最後的裝飾線條時，以雕刻刀一刻到底即完成作品，此時不需再敲打，也要避免重複修飾，這裡是展現刀工的地方，越練越靈活，就如同寫書法一樣，勤練就會越來越漂亮。

49 | 裝飾線可依圖形靈活變化出不同的排列刻法，只要注意粗細、漸進、方向，如圖中黑色線條顯出粗細和方向，紅色虛線代表延伸的關係，稱之為原點；起始地方的方向對了，就會流暢而生動。
另外，刻線時要起頭輕（避免留下刻刀三角）再用力刻深後拉向原點，並在結束前輕拉，做出如圖的粗細變化線條。

50 | 裝飾線雕刻要避免方向雜亂、纖細無力，或平直缺乏生動感等細節，如圖所示。

51 | 完成雕刻。
傳統雕刻有固定工法，注意細節並多練習，終成高手。就如同寫書法，天天練習就能會讓線條靈活，若是久久一次就很難精進。

5. 輔助工具

描圖紙
設計好的圖案需先描在描圖紙上,再轉繪到皮革上,因半透明的紙方便作品位置的核對。

皮雕雕刻前,要將設計好的圖案轉繪在皮面,這時須先將皮沾濕,再將描圖紙放在皮面上用描筆描圖,建議選擇95磅的厚描圖紙,才不易讓圖稿變形,影響圖稿的準確度。描圖紙描繪線條時要很仔細,鉛筆要尖才能讓線條精準;轉描到皮上時同樣要仔細,線條要精細,盡量不要有誤差。

雙頭描筆
雙頭描筆是描圖、做記號用的筆,尖細的筆頭讓描線更容易,線條更清楚精準。

轉繪線條時需要出力,如用珠筆容易滑動且不易施力,使用時要注意。

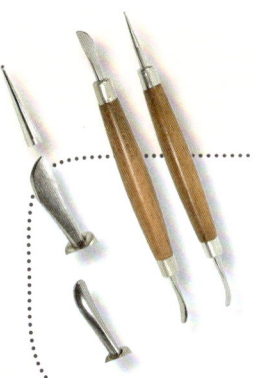

壓叉器
壓叉器是皮雕製作時的工具,常用在寫生雕刻細微處或塑型時使用,小圓頭的一端也可用來代替描筆。

多頭描筆
多頭描筆可替換型多種筆頭。

旋轉雕刻刀
皮革雕刻時,先用旋轉雕刻刀在皮面上刻出線條,再用印花工具敲出立體層次。

傳統刀頭
線條粗,傳統雕刻或要展現厚實立體效果時使用,鐵刀頭便宜但要打磨,瓷刀刀頭雖然單價較高,卻可省去磨刀的動作,且越用越滑順,但要避免撞擊。

斜口線刀刀頭
線雕或想要表現輕薄、纖細時使用,有鐵製和瓷刀可選。

刀柄
刀柄靠近刀頭處有顆螺絲,用內附的小扳手就可輕易更換刀頭。

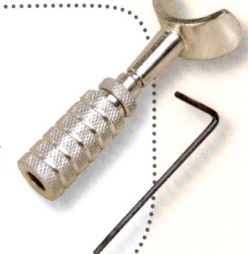

四、皮雕基礎教學

印花工具

皮雕的印花工具依英文字母分類，其紋路細膩度、清晰度和工具角度皆會影響雕刻的效果，目前使用最廣、最好用的是日本 Craft 出產的印花工具。

初學者越是選擇紋路清晰的工具，越容易達到效果，反之，劣質的工具會讓紋路模糊，角度順暢度也會不足，導致事倍功半；這類工具價差頗大，效果當然也很懸殊，就像輪胎的胎紋一樣很重要，建議選購時要考慮清楚，應寧缺勿濫。

在正常使用下，印花工具並不會耗損，所以建議購買時要考慮紋路細膩度。

❋ 日製印花工具

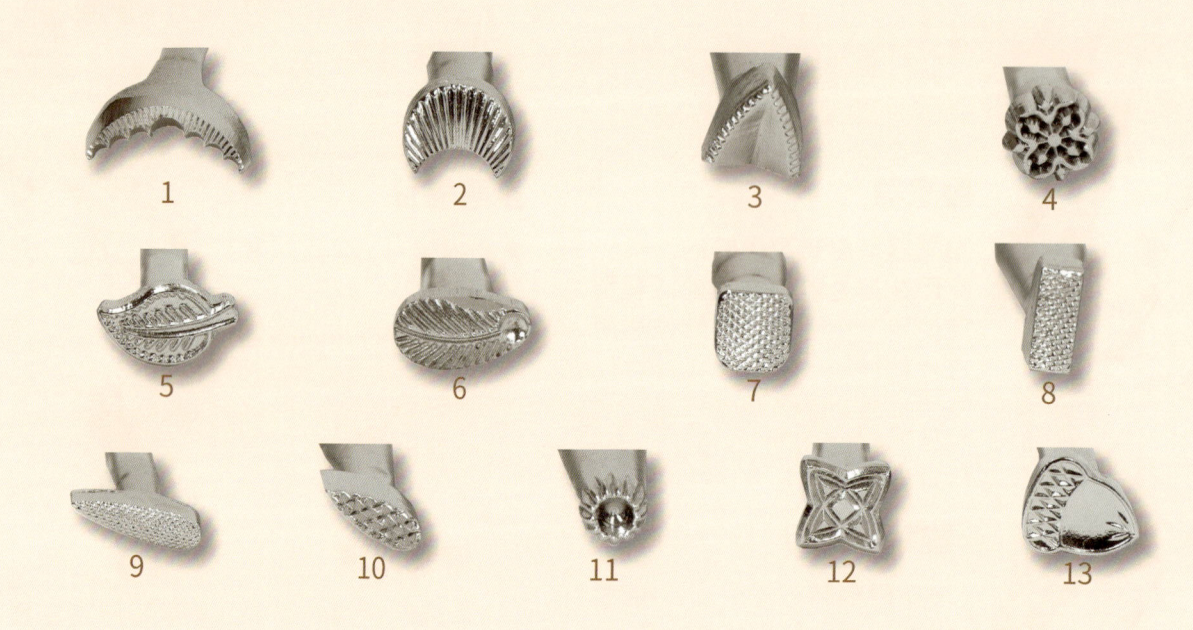

1　2　3　4
5　6　7　8
9　10　11　12　13

❋ 效果比較圖

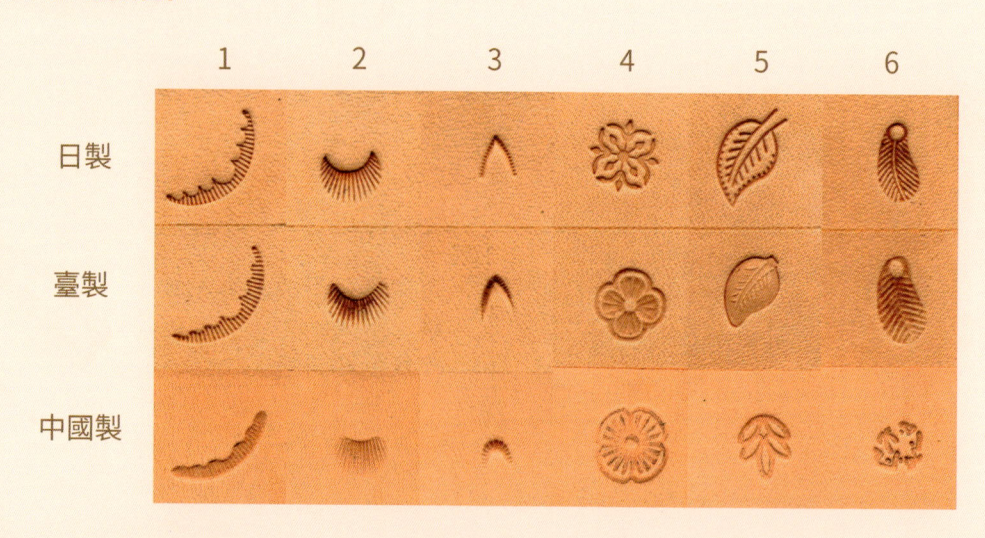

	1	2	3	4	5	6
日製						
臺製						
中國製						

❀ 臺製印花工具

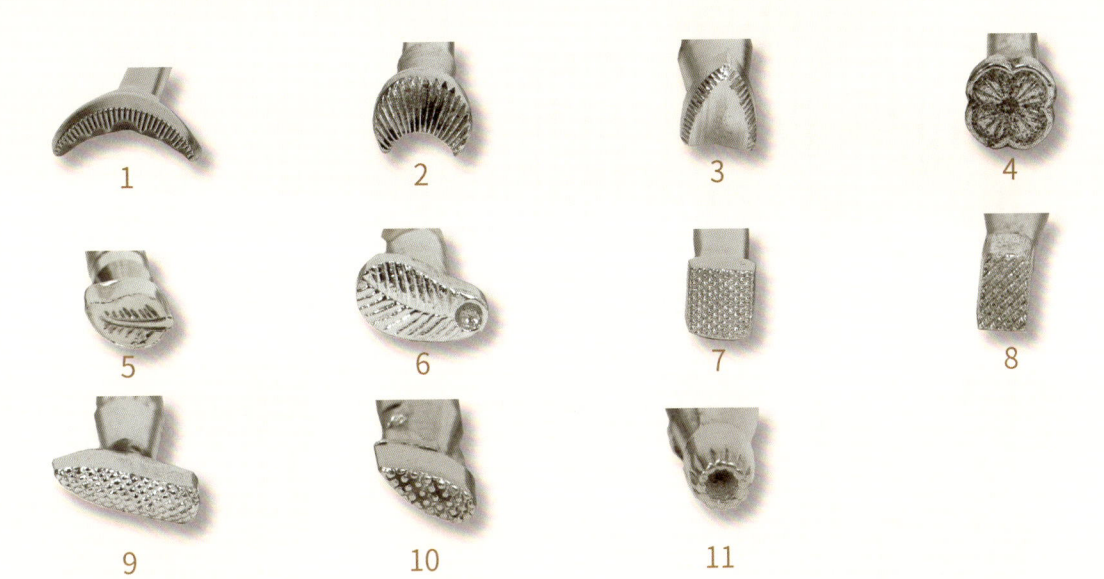

1　2　3　4
5　6　7　8
9　10　11

❀ 中國製印花工具

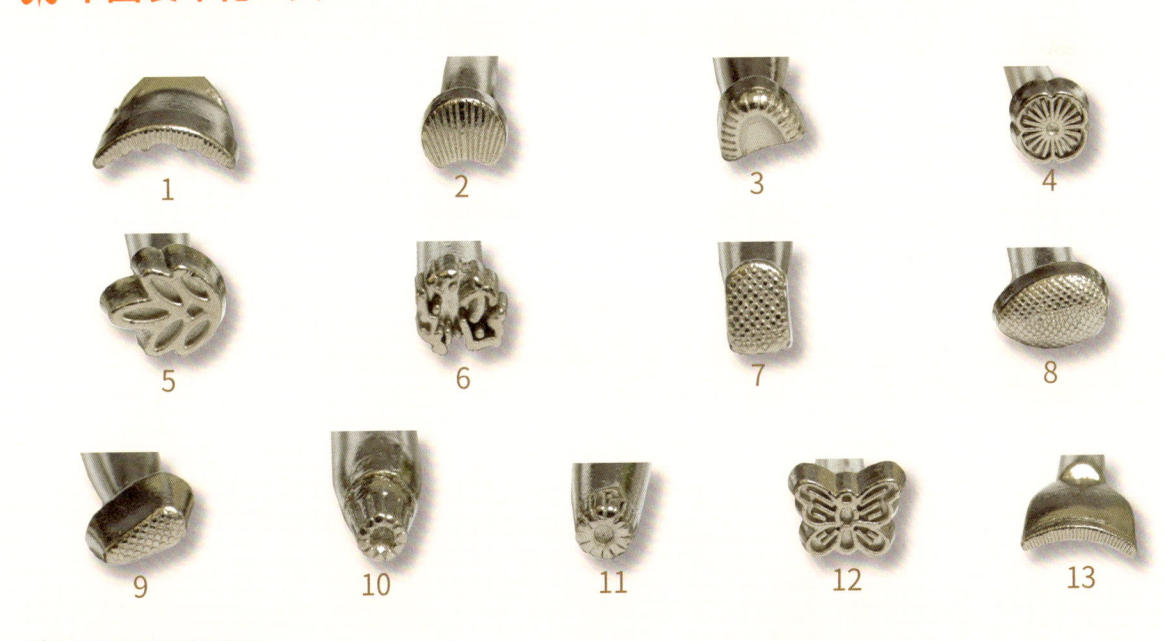

1　2　3　4
5　6　7　8
9　10　11　12　13

❀ 效果比較圖

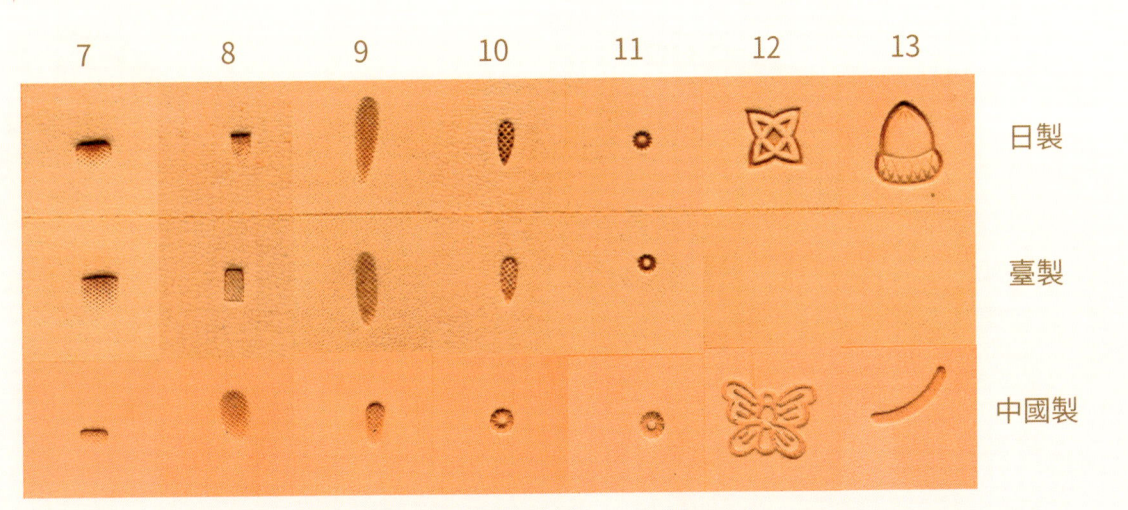

	7	8	9	10	11	12	13	
日製								
臺製								
中國製								

四、皮雕基礎教學

電燒器

插了電的筆，可烙畫、寫字。

控制好溫度，並善用內附筆頭，可如素描一樣在皮上畫出美麗的圖案。

日製英文、數字

皮雕專用的英文、數字字模，紋路清楚、字型漂亮。

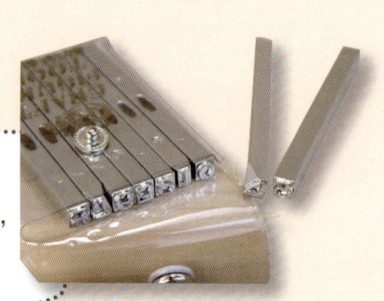

海綿

非科技海綿，要有超強的吸水性和柔軟的表面，用來沾濕皮革以方便作業。

皮雕製作時，要先將皮沾濕，讓皮遇水變軟，敲打時才會使敲過的紋路更容易留下，但每塊皮對水的反應不同，所以水分的控制很重要，必須靠經驗累積；通常太濕會使敲過的深度恢復，有時也會把皮打爛，太乾則讓皮太硬不易敲打。

工具越大（與皮革接觸面越大），力量和水分就增加越多，反之則減少。海綿比較容易掌控水分，但要注意海綿的潔淨度，必須隨時保持乾淨，才不會影響皮革的上色效果。

防延展膠膜

因皮革具高延展性，所以雕刻時要在背面貼上防延展膠膜，避免敲打圖案時讓皮變形，也有適合大面積使用的大型膠膜。

防延展膠膜跟一般膠帶的不同點，在於厚度、強度還有膠的黏性，撕下時不會殘膠。

皮革文鎮

鐵製皮革文鎮，足夠的重量讓描繪版型和圖稿時都方便。

6. 染料及上色工具

　　植鞣革可上色的特性，讓任何顏色都能留在皮面上，舉凡原子筆、簽字筆、油料、水彩、繪圖顏料、廣告顏料以及美術用壓克力顏料，包含汗水都會停留在皮面上，差異僅在於持久性與效果。皮革特有的毛細孔對色料的吸收，以及經歷時間產生的變化後，皮革是否能與這些色料有協調的效果，才是選擇色料的關鍵考量；若只是將媒材從紙轉換為皮，卻沒有皮革的特色，選擇媒材時的必要性就會受到動搖。

　　即便如此，也不能為了方便而使用美術繪畫顏料，美術用壓克力顏料用在皮革上，猶如上了一層厚厚的漆，完全掩蓋了皮革毛細孔，只是讓皮出現艷麗的色澤，卻降低了皮的價值，這些色料也可能在經歷時間或使用後，產生剝落或分離，無法像皮革專用顏料一樣，隨著時光讓皮更融洽而自然；任誰都不願自己花心思製作的作品，經過時日後完全變了調，或者讓色料掩蓋了皮特有的質感。

　　皮革是可以長時間使用的媒材，任何加工技法都應考慮時間和觸摸等因素，以免到時後悔當初的選擇；所以，選用創作媒材時就應思考對皮是加分還是減分，對色料特質的瞭解和對皮革特性的認識，都能幫助自己找到專屬的愛好。

　　在皮革製作中，會選用皮革專用染劑，好的染劑需要有良好的滲透性，且穩定度要高；舉例來說，「藍染」是以植物製造的環保天然染劑，優點是色澤自然，缺點卻是不耐久，即使加入其他定色成分，還是容易因時間和光線色澤褪去，這就是色料的抗光性。因此，皮革專用染劑的持久性、穩定度、強度、附著效果都要考量。

　　但滲透性強的顏料想使用防染劑時，做出的效果會有其限度，由於皮革天然的毛細孔，每個部位吸收不同，一不小心就會產生色塊，只能越加越深色，所以擦染要以乾擦才會好控制，筆染就要選擇純動物筆毛和吸水效果適中的筆。

　　另外，皮為淡褐色，不如白色的紙顯色容易，且任何顏色產生的變化都不一樣，有可能上完藍色卻呈現深綠，這是因為皮淡褐色內的黃所影響，皮革厚度和毛細孔的粗細也會影響上色效果；創作中若能「順皮而變」，也就是跟著皮的反應做適度的調整，就能得到上色的樂趣。

　　藝術是相通的，繪畫的上色方式都可在皮上嘗試，只要記住皮革的特性，和瞭解使用的色料能否與皮融合協調，明白經歷時間和使用後會產生的變化，不妨多試試不同的玩法；每個顏色的色料來源不同，有些色料上完後可能有殘留，建議上色時在皮革底下墊一張廣告紙，染完後再換紙，避免殘留染到其他地方，不過請不要使用報紙，以免油墨殘留在皮上。

酒精性染料、稀釋液

酒精性染料屬滲透性顏料，分子細、滲透性強、具高彩度及高明度特性，穩定性也高，易於上色，容易做出自然漸層效果，適用於皮革表面，但因含酒精成分，使用的量會影響皮革的硬度；若於背面使用，吸收效果會大打折扣且難上均勻。

酒精會帶掉皮革本身的油質，若塗抹越多皮革也會越硬，不過經使用後是會變軟的，製作時若想要彎折或塑型，可將皮噴濕後再施作。

稀釋時需用專用稀釋液。

✽ 擦染 & 筆染 & 絞染效果圖

誠和染料

屬滲透性顏料，色澤自然、好上色，需加水稀釋或加專用滲透劑，容易上出自然漸層的效果，缺點是穩定性較低。

含金染料

屬滲透性顏料，是含金性酒精染料，價格相對便宜。

表層上色，適合大面積塗抹，但上色較難掌控且顏色厚重，容易產生色塊留下筆觸，較難做出自然柔和的漸層效果。

四、皮雕基礎教學

騎士專業染劑

滲透性強、好上色、穩定性高，色澤柔和自然，需用專用稀釋液。

除了價格偏高之外，是初學者上色的首選。

日製油染、騎士油染

屬於覆蓋性染劑，通常在傳統雕刻要製造復古的漸層效果時使用，太濃時可加入油性特級仕上劑稀釋，可保有自然光澤。

普遍用於滲透性染料後，為加強層次表現時使用，對於無雕刻的平面較難附著。

騎士壓克力染料

屬於覆蓋性染劑，是皮革專用的壓克力染料，要加水稀釋；半透明，與一般美工用的壓克力染料不同，不會掩蓋掉皮特有的紋路與毛孔，可保有皮革自然的毛孔和光澤。

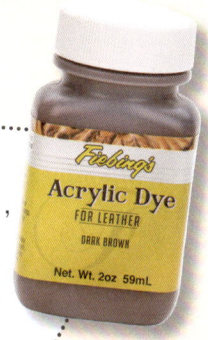

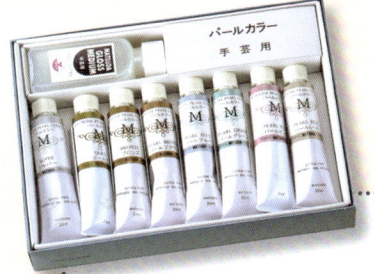

含金壓克力

含金壓克力，一般在加強線條時使用，在雕刻的線條中塗上，讓線條更清晰。一樣要加水稀釋，避免因上得太厚重而顯得突兀。

匠心進口邊油

用在皮革側邊的修飾封邊，有多種顏色。

日本 SEIWA 邊油
用在皮革側邊的修飾封邊，有多種鮮豔顏色。

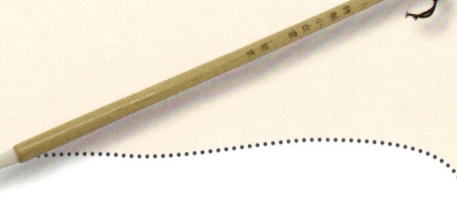

毛筆
吸水性佳、軟硬適中，漂亮的筆尖能讓細緻圖案的上色更便利。

尼龍刷
用來塗保護劑和背面處理劑的筆，好清洗；塗皮革背面和正面時，建議分兩支使用。

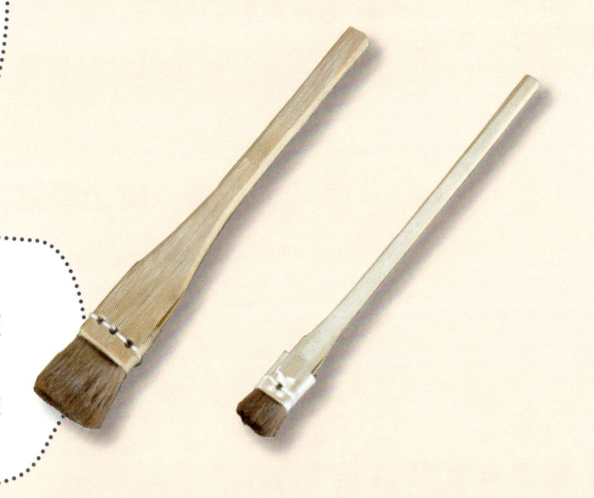

豬毛刷
上油染的筆，短短的筆毛能幫助油性染料塗進雕刻的縫隙中，柔軟的豬毛不怕傷到皮面，且大小適中，不會因面積過大而沾取過多染料，導致染料停留過久而使顏色變深。

紗布
紗布吸水性弱故易控制，用於上色或擦保護劑使用，在用擦染凸顯皮革紋路時，是方便的著色媒介；棉布的吸水性較強，但上色容易產生色塊，而且棉花也屬吸水性較強的媒介，會產生棉絮。

碟子
因皮革染劑具高滲透性，需選用白色瓷器的小碟子作為調色盤，讓皮革的滲透性顏料不易附著、殘留在碟子上，且容易分辨顏色濃淡；如用塑膠碟子，色料會大量殘留，影響到色澤，過輕的塑膠盤也容易打翻；若使用梅花盤，液態顏料易暈開的特性會使各格不同的顏色混淆，影響色澤。

主題 02 實作（每個作品至少3小時，視難易度增加時數。）

一、顏色好好玩：三角零錢包

二、高質感手縫：名片零錢包

三、可愛的皮塑：貓頭鷹吊飾

四、多樣的皮雕：汽車鑰匙包

五、有趣的鏤空：聖誕樹吊燈

六、變色皮真美：三角鉛筆盒

七、拉鍊美美裝：拉鍊零錢包

八、多層次手縫：率性多層短夾

一、顏色好好玩

三角零錢包

說明：

運用多變的顏料，搭配皮革的特性，製作輕巧可愛的三角零錢包。

延伸玩法： 噴染、拓印

需要工具（用具）：

木槌、大理石、地墊、12mm衝鈕器一組、釘書機、大上膠片、乾淨的布、尼龍刷、修邊器、木製磨緣器、研磨片、噴水器、尖嘴鉗。

材料（耗材）：

1.4 植鞣革	一片
小 C 圈 + 四目鍊	一組
12mm 四合釦	一組
太白粉	30g
冷水	約 80cc
熱開水	約 300cc
攪拌壺和攪拌棒	一組
皮革酒精性染料	數色
艷色劑	一罐
水性邊油	一罐
紗布	一捆
床面處理劑	一罐
廣告紙	數張
2 公斤耐熱塑膠袋	一個
牙籤	一支

KeyWord：

糊染、三件鎖組、皮革種類運用、染料的特性與認識、色彩變化趣味、五金釦具運用

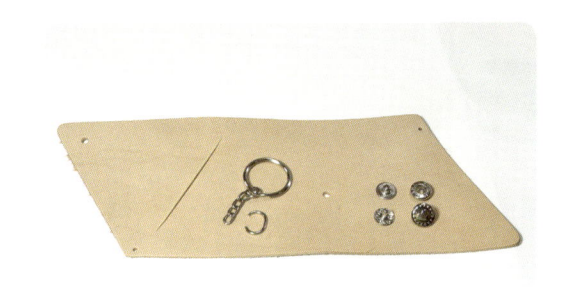

一、顏色好好玩：三角零錢包

01 | 釘好洞孔皮一片、小C圈＋四目錬、12mm四合釦一組、牙籤一支。

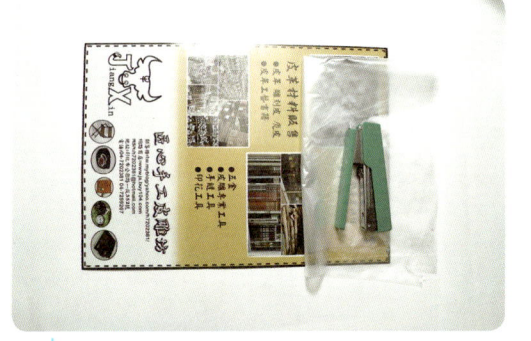

02 | 取A4廣告紙一張、釘書機、2公斤耐熱塑膠袋一個。

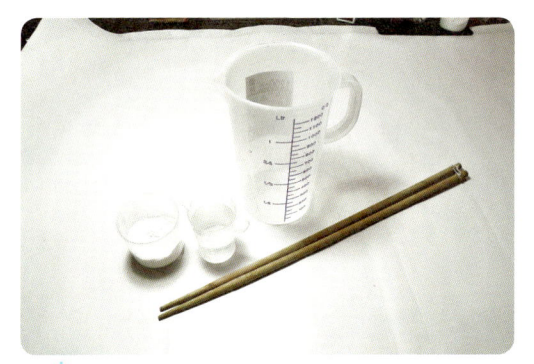

03 | 太白粉30g、冷水80cc、攪拌棒、容器。

04 | 將廣告紙四邊折起，四角如圖銜接。

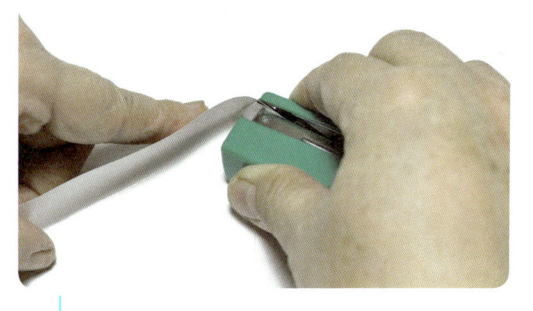

05 | 四角再用釘書機固定，成為簡易紙盤。

06 | 將簡易紙盤套進2公斤耐熱塑膠袋中，成為可防水的盤子。

07 | 太白粉30g倒入攪拌壺中，再加冷水80cc。

08 | 攪拌均勻。

09 | 加入煮沸熱水 300cc 先不攪拌，以免溫度降低，影響熟度。

10 | 熱水加完後，開始攪拌均勻。若能直接以烹調方式在瓦斯爐上調製更佳，就如料理時的勾芡做法一樣，只是調出的糊要比勾芡濃稠，注意避免攪拌時產生過多泡泡。

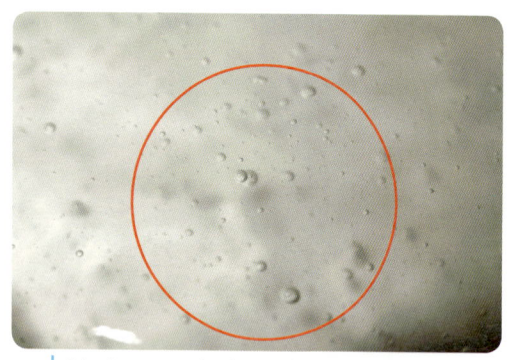

11 | 注意不要產生泡泡（如圈圈處），會影響顏料在皮上的附著。

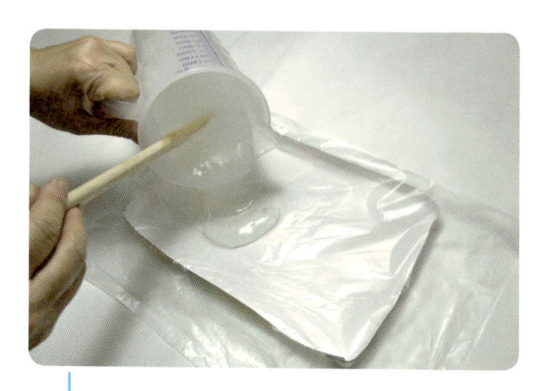

12 | 倒入簡易紙盤中撥平

13 | 用皮測量糊的面寬夠不夠。（小心皮面不可沾到糊）

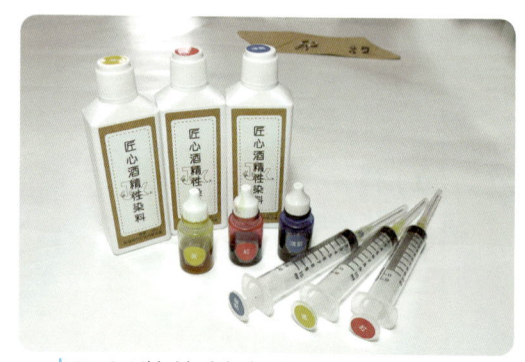

14 | 可以將染料事先分裝在眼藥水瓶裡（可利用針筒分裝），這裡預備的是色彩三原色，紅、黃、淺藍。（顏料的品牌將影響顏色的彩度）

15 | 先取黃色在糊上滴數滴，此時顏料只在表面。

16 | 接著將紅和藍分別隨意滴數滴。

17 | 利用牙籤的尖端在滴上的顏色上隨意拉出線條。（注意牙籤只在糊最上層，勿再深入以免造成顏料到糊的下層）

18 | 如果覺得顏色不夠滿可再加。

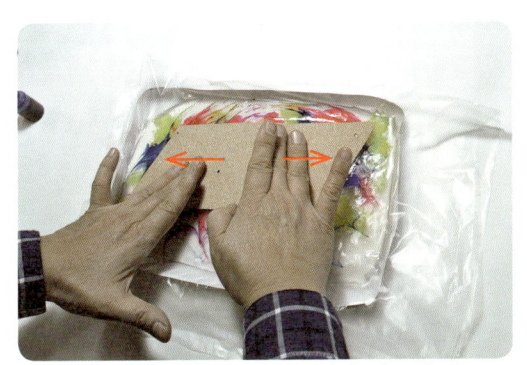

19 | 拉出滿意的花紋。

20 | 選好喜愛的位置將皮輕輕放上，用手輕輕由內往外撥平可擠除皮內的空氣，放置 15～30 分鐘後開啟。

21 | 預備一桶水、廣告紙數張、乾淨的布、上膠片（大）。

22 | 輕輕拉起皮片。

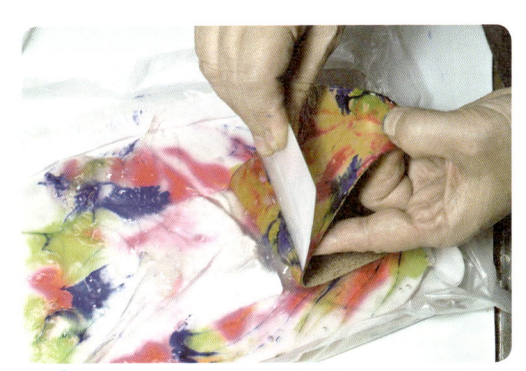

23 | 一隻手慢慢拉起皮片，另一隻手拿上膠片刮除在皮上的糊。

24 | 放在廣告紙上繼續刮乾淨，不要太用力。

一、顏色好好玩：三角零錢包

25 | 拿一塊乾淨的布沾水擰乾。

26 | 將沾水的布擰乾後擦拭，一次次將殘留於皮面的糊擦乾淨。

27 | 皮側邊也要擦乾淨。

28 | 確實擦乾淨，放置待乾燥。

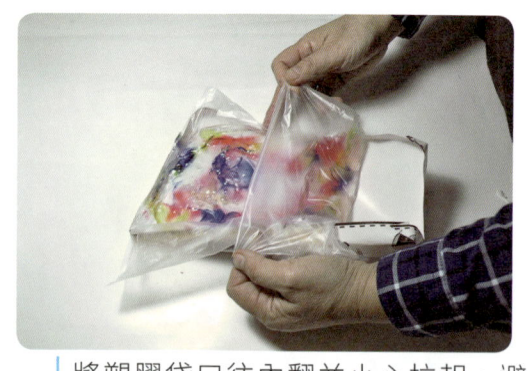

29 | 將塑膠袋口往內翻並小心拉起，避免染料沾染到桌面。

30 | 剩餘的糊包在塑膠袋內。

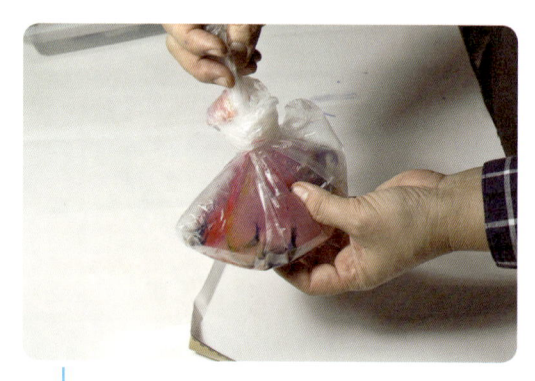

31 | 綁起封口完成殘餘整理。

32 | 乾燥後色澤更明亮。

33 | 準備艷色劑、紗布。

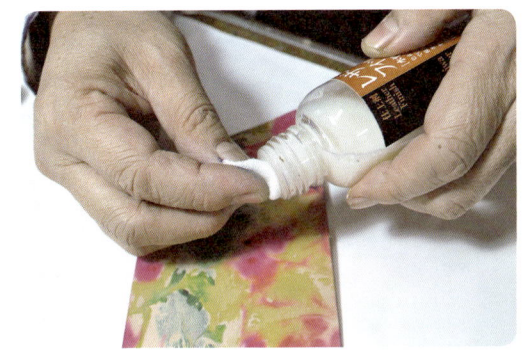

37 | 以木製磨緣器的圓錐面在皮上施力來回磨。

34 | 利用紗布沾取艷色劑，塗抹在皮面上，完成定色與保護。

38 | 乾燥後光滑不黏手。

35 | 邊的處理與預備。

39 | 以修邊器修掉皮革邊緣的銳角。

36 | 先用尼龍刷沾取床面處理劑，再平塗在皮革背面。

40 | 皮革因纖維密實度差異修出毛屑或整條。

一、顏色好好玩⋯三角零錢包

41 | 修邊後的樣子。

42 | 以研磨片來回修磨。

43 | 研磨片換個角度磨修過銳角的導角邊,以研磨片來回修磨。

44 | 皮面的正面邊以這個角度依箭頭方向往後拉,磨掉捲起的皮。

45 | 砂紙磨過邊可能更毛。

46 | 再以尼龍刷沾取床面處理劑,塗在研磨片磨過的地方。

47 | 使用木製磨緣器的凹槽,有點力量的來回磨。

48 | 如此完成了光滑的邊。

49 | 五金裝釘。

50 | 四合釦公釦和應對的工具,將 B 釦從皮革背面套入洞孔內,再將 A 釦套在 B 釦上,放置大理石上。

51 | 拿起工具垂直地置於釦子上,以木槌多次輕敲工具,至釦子卡緊。

52 | 完成公釦裝釘。

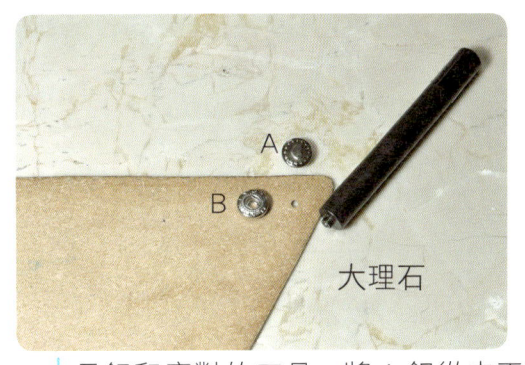

53 | 母釦和應對的工具,將 A 釦從皮正面套進洞孔中。

54 | 將工具依造型位置對應 B 釦彈簧造型套入。

55 | 再將工具連同套好的釦子對應在 A 釦的腳柱上套入。

56 | 以木槌多次輕敲至卡緊。

57 | 完成釦子裝釘。

58 | 將皮背面噴溼。

59 | 摺出三角型。

60 | 確認釦子位置正確。

61 | 以尖嘴鉗夾住小C圈套進作品腳邊的兩個小孔中。

62 | 再套入四目鍊。

63 | 利用尖嘴鉗將小C圈夾緊。

64 | 完成吊飾零錢包。

延伸玩法一 拓印

01 | 找一片紋路明顯的樹葉，以棉花棒在葉子上塗上深色皮革染料。

02 | 放置皮革面上並輕壓。

03 | 完成拓印。

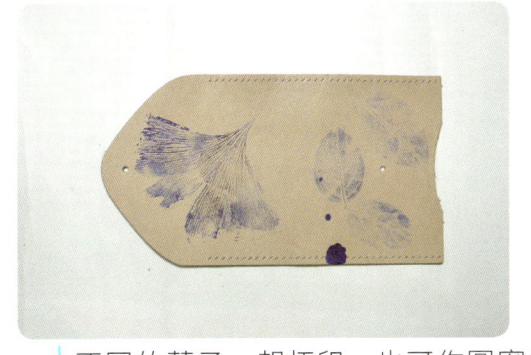

04 | 不同的葉子一起拓印，也可作圖案編排。

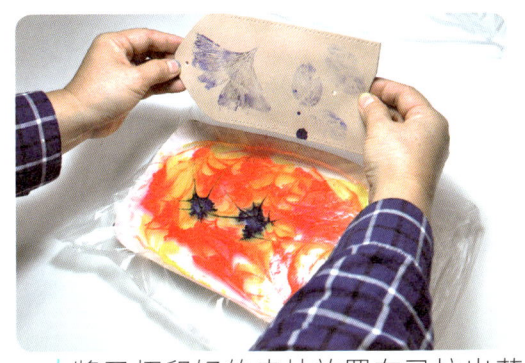

05 | 將已拓印好的皮片放置在已拉出花樣的糊染盤上，再依糊染製作方式完成拓印與糊染的花樣變化。

06 | 深色效果。

07 | 準備艷色劑和紗布。

一、顏色好好玩：三角零錢包

08 | 以紗布沾取艷色劑。

09 | 塗抹在作品上完成定色和保護。

10 | 完成拓印延伸作品。

延伸玩法二
噴畫，邊油技法

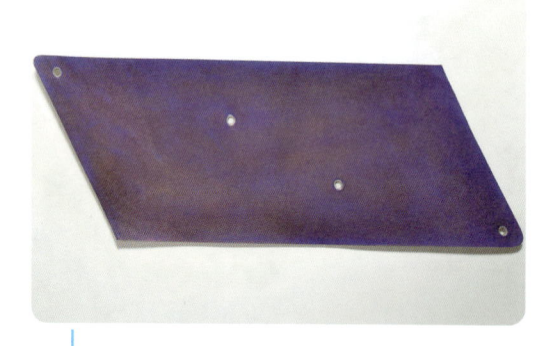

01 | 作品：可隨意開啟的雙面三角零錢包。

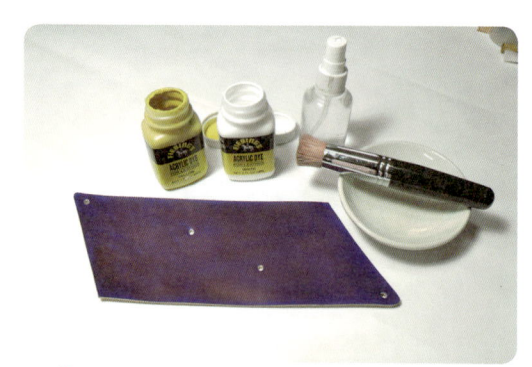

02 | 先將皮革上好顏色，預備皮革專用壓克力顏料、毛刷或牙刷、小盤子、水。

03 | 倒一點水在盤子上。

04 | 輕輕攪勻，水不用太多。

05 | 以刷子沾取顏料。

06 | 利用手指輕撥刷毛。

07 | 如箭頭方向輕撥，此時顏料因彈力落在皮上，顏料量多時撥下的點較大，而顏料少時撥下的點亦小。

08 | 也可以用乾淨筆刷先沾水。

09 | 再以有含水的筆刷沾取顏料。

10 | 用相同方法將筆刷置於在皮上方，再以手指輕撥筆刷，讓色料滴落在皮上。

11 | 完成噴畫（希望點大可加多顏料）。

一、顏色好好玩：三角零錢包

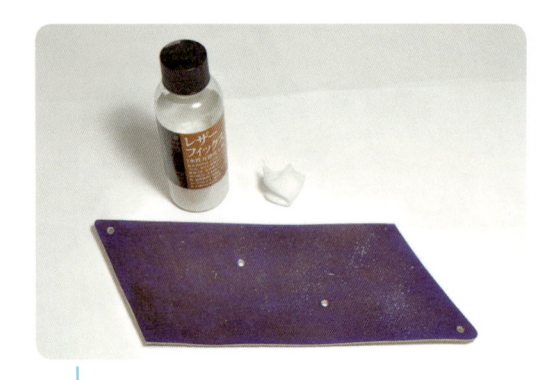

12 | 準備艷色劑和紗布。

13 | 用紗布沾取艷色劑。

14 | 塗抹在皮上，完成保護和定色。

15 | 預備背面和毛邊的處理。

16 | 以尼龍刷沾取皮革床面處理劑，均勻地塗在皮革背面。

17 | 以木製磨緣器圓錐面在皮上施力來回磨。

18 | 以修邊器修掉皮革銳角。

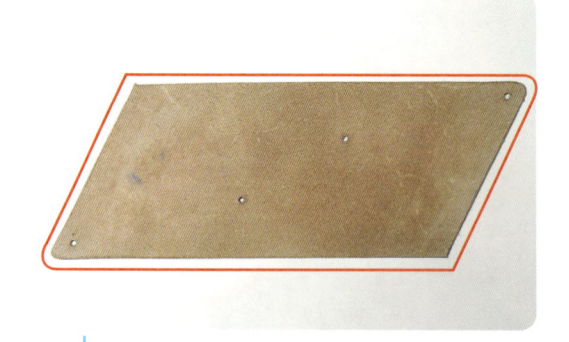

19 | 完成修邊。

20 | 修掉銳角後的毛邊。

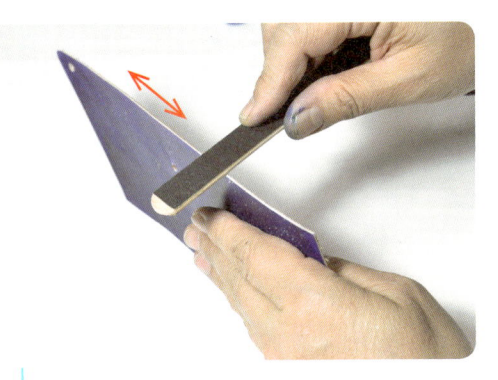

21 | 以研磨片在皮邊上來回修磨。

22 | 研磨片轉個角度繼續來回修磨。

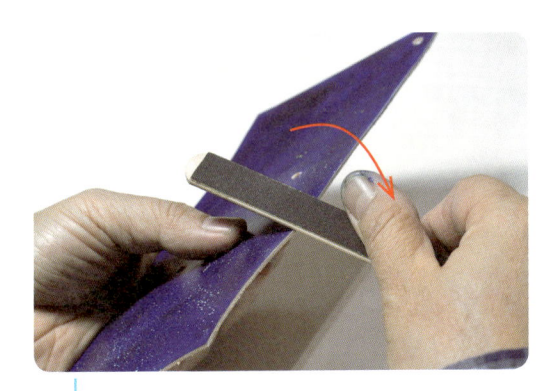

23 | 這個角度依箭頭指示方向磨掉捲起的皮。

24 | 修磨後的側邊毛邊。

25 | 這個作品的皮邊要使用日本水性邊油，利用水和磨緣器的弧度幫助毛躁的邊變平滑，讓邊油容易上得漂亮又不影響其附著性。首先以海綿沾水。

26 | 將皮邊輕輕沾溼。

27 | 再用磨緣器的凹槽在皮邊上來回輕磨。

28 | 將邊油分裝在眼藥水瓶裡方便使用。

29 | 利用眼藥水瓶塗邊。

30 | 邊油乾後檢查是否都完整上到，紅圈處表示未塗到。

31 | 再補塗一次。

32 | 完成邊油的塗抹。

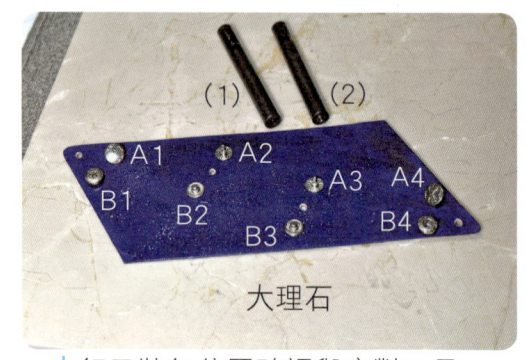

33 | 釦子裝釘位置確認與應對工具
A1、B1 為一組上釦
A4、B4 為另一組上釦
對應工具為 (2)
A1、A4 放在皮正面
B1、B4 放在皮背面

A2、B2 為一組底釦
A3、B3 為另一組底釦
對應工具為 (1)
A2、A3 放在皮背面
B2、B3 放在皮正面

34 | 先將 A2、B2 一組和 A3、B3 一組，如圖位置並裝釘完成。

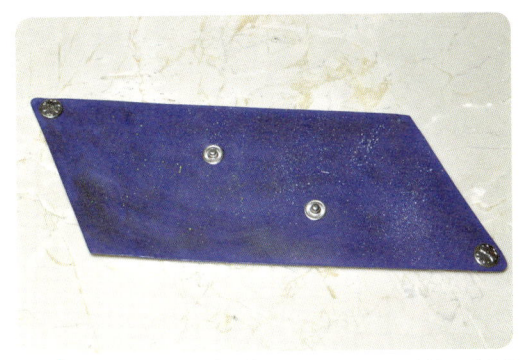

35 | A1、B1 一組和 A4、B4 一組，如圖位置並裝釘完成。

36 | 皮背面噴溼。

37 | 摺出三角型。

38 | 像這樣對應好釦子位置。

39 | 兩面都可隨意開啟。

40 | 延伸作品完成。

糊染教學影片
https://reurl.cc/l08o4d

更多教學影片
https://reurl.cc/pm71Aa

一、顏色好好玩：三角零錢包

二、高質感手縫

名片零錢包

說明：

藉由手縫技巧，讓皮工工藝增添更多可能性，製作出高質感的手縫零錢包。

延伸玩法：加厚度名片零錢包

需要工具（用具）：

木槌、膠板、大理石、地墊一組、12mm 衝鈕器一組、印花工具 S932 / S931 / K167L / K167R、沾水海綿、尼龍刷、木製磨緣器、修邊器、200～350 號砂紙磨砂棒、皮革手縫針 2 支、上膠片、剪刀、打火機、噴水器。

材料（耗材）：

已打洞 1.6mm 植鞣革	一片
12mm 四合釦	一組
紗布	一捆
皮革酒精性染料	一罐
皮革定色保護劑（水性艷色劑或特級仕上劑）	一罐
皮革床面處理劑	一罐
皮革手縫線（中細）	一份
皮革白膠	一罐
廣告紙（勿使用報紙）	數張
棉花棒	數根

若要自行打洞，需加 2.0 菱斬、間距規、10 號丸斬各一。

KeyWord：
印花工具運用、染劑的變化與運用、手縫組合、簡易毛邊處理

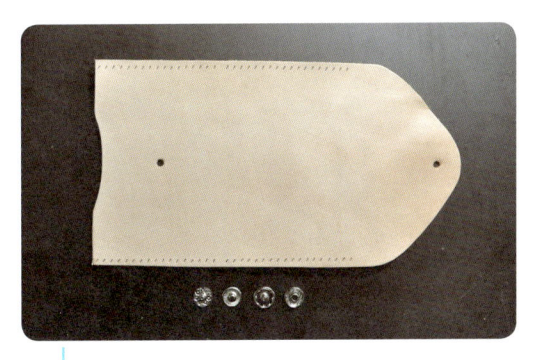

01 | 1.6mm植鞣革一片、12mm四合釦一組。

02 | 選擇喜愛的印花工具 K167L 或 K167R（印花工具數字後加 L 或 R 表示此花紋有左右對稱圖案）。

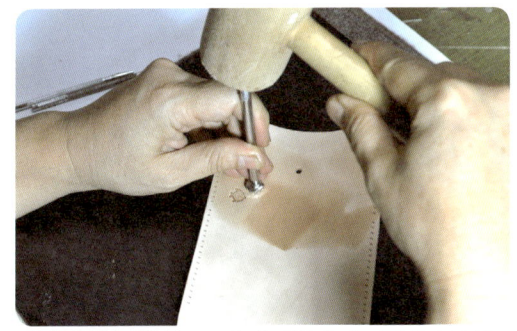

03 | 先用海綿沾水把皮打濕（太濕時皮會過軟，敲過的紋路會回彈，可能會糊掉；水分太少則皮較硬，不好敲出效果）。

04 | 以大拇指、食指和中指握住工具，無名指一半指腹握工具，另一半指腹和小拇指指腹壓住皮面，這樣可穩住工具不會滑掉，另一隻手握緊木槌敲下，工具的紋路就出現了。

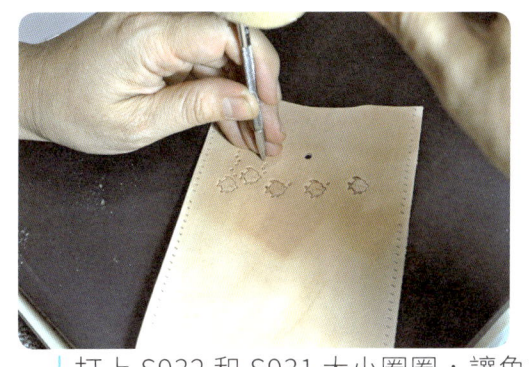

05 | 打上 S932 和 S931 大小圈圈，讓魚有冒出泡泡的游動效果，注意魚和泡泡敲打時不要一直線，才不會呆板。

06 | 完成了紋路。

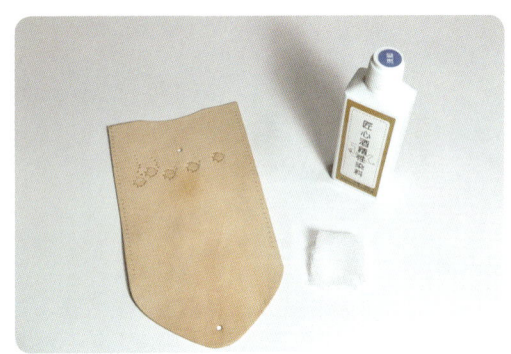

07 | 預備上色，取紗布一小片（約 7 公分大小）。太大片或太厚會讓吸水性變強，較會上出明顯色塊，顯得突兀或髒亂。不選棉花是因其吸水性太強，不易控制，且難上出皮革紋路；而棉布也是屬於吸水性強，較難掌控的工具。
上色時，作品下墊廣告紙，勿使用報紙，因報紙油墨沾到皮革會使皮變髒。

二、高質感手縫：名片零錢包

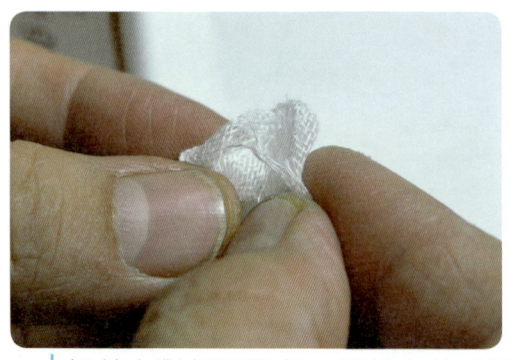

08 | 把紗布對折再對折，讓紗布的毛邊包進內部不外露。

09 | 包成像這樣一顆小球。

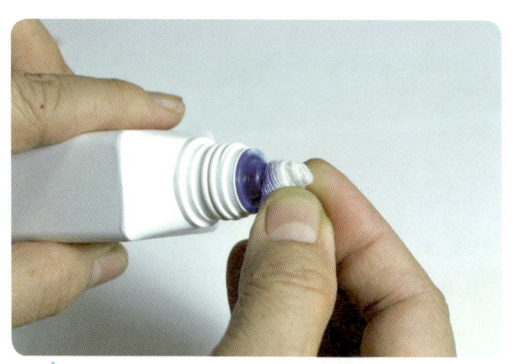

10 | 將選好的皮革染料，輕輕滴一些在紗布上。

11 | 可先在紙上輕擦，測試顏料量的多寡，一次不要沾太多顏料。

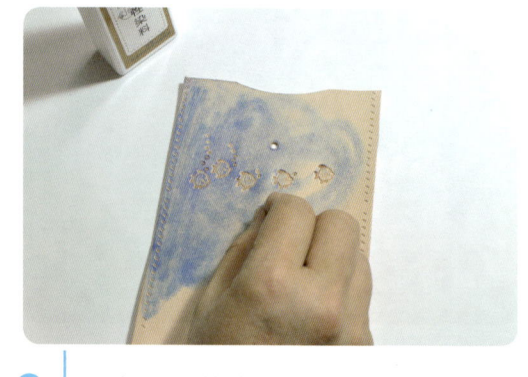

12 | 以畫圓圈的方式慢慢上色。

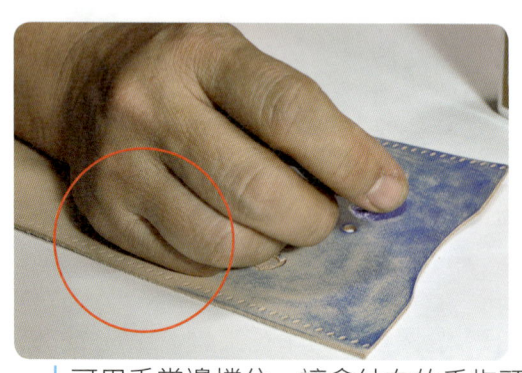

13 | 可用手掌邊撐住，讓拿紗布的手指頭有些懸空，這樣才不會因力道向下壓，強迫皮吸入過多顏料，蓋掉皮革特有紋路。

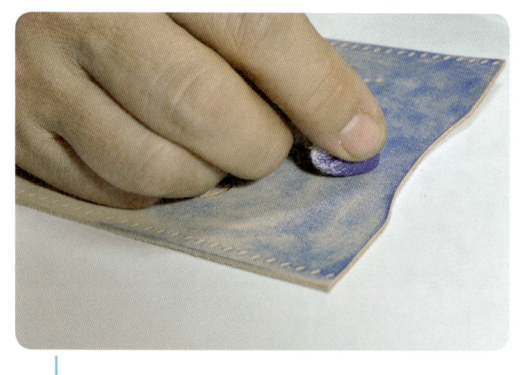

14 | 力道輕鬆，畫圈上色。

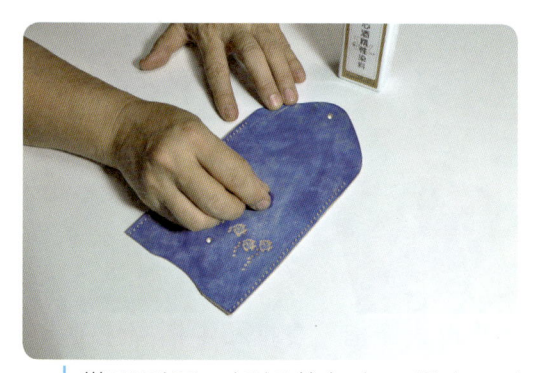

15 | 從頭到尾一遍遍的加色，避免只在同一點上色。

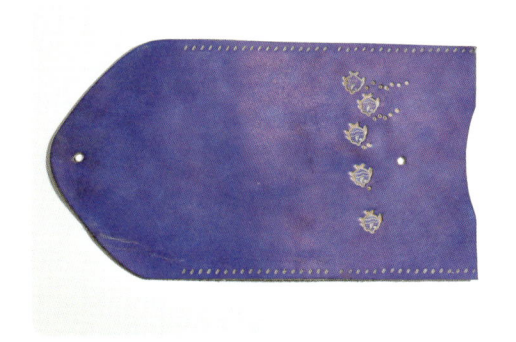

16 | 上好顏色，顯出圖案和皮紋。

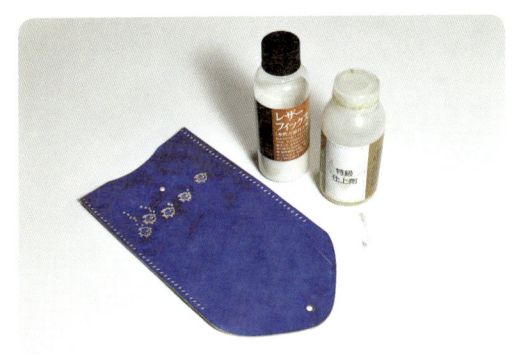

17 | 上保護劑：使用艷色劑（水性）或特級仕上劑（油性）都可以。

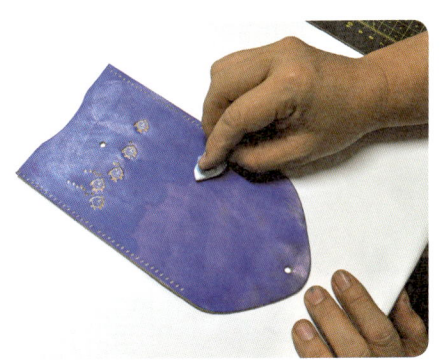

18 | 將保護劑輕輕沾一些在紗布上，薄薄塗上一層就好，此時因擦染殘留在表面的顏色可能會有些許被紗布帶掉，但沒有關係，色澤不會有明顯改變。

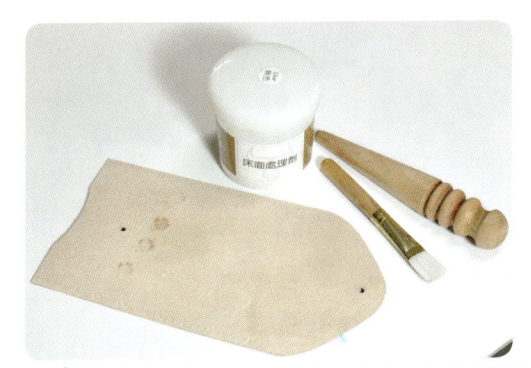

19 | 表面乾後翻到背面，背面處理準備：床面處理劑、尼龍刷、木製磨緣器。

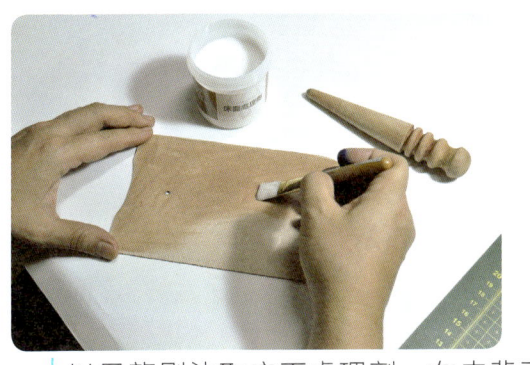

20 | 以尼龍刷沾取床面處理劑，在皮背面均勻的塗上一層。

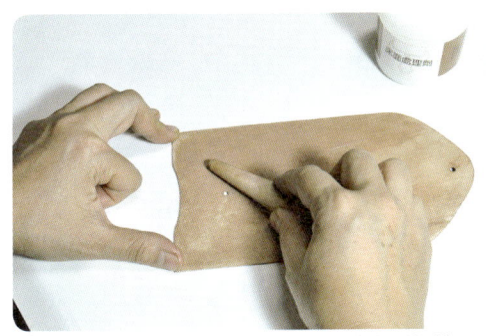

21 | 再以木製磨緣器圓柱體部位的面施力磨皮，經過這樣的動作，皮革背面纖維透過壓力，藉由床面處理劑的黏性變得光滑。

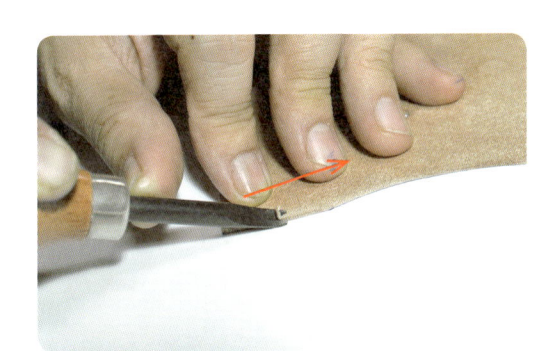

22 | 先用修邊器將開口處修角（修掉有厚度的皮革經裁切後留下的銳利角），皮革纖維若結實會修出一條皮線。

23 | 而皮革纖維較不結實時，修下的就會是皮屑狀。

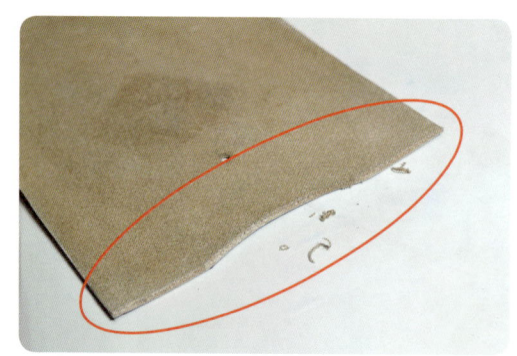

24 | 修邊完成。因為這個地方縫完會在內裡，所以要先處理這位置，再進行縫製動作，外緣部分的邊則待縫好再磨。

25 | 此邊緣再用砂紙打磨，此時可能會覺得皮邊更毛躁，這是正常的。

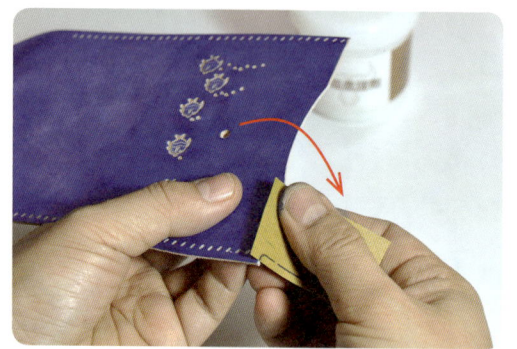

26 | 皮表面在剛剛砂紙磨邊時會微微捲向皮面，此時用砂紙以傾斜方向往下拉磨邊，可輕易將捲出的皮面磨掉。

27 | 再將剛剛磨過的邊補上顏料（此時可用紗布或棉花棒）。

28 | 沾上床面處理劑。

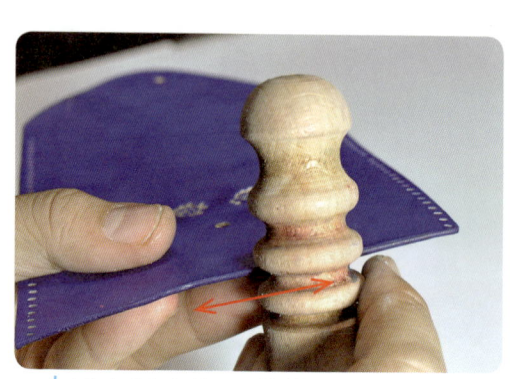

29 | 用木製磨緣器溝槽的位置卡住皮革，用點力量來回磨。

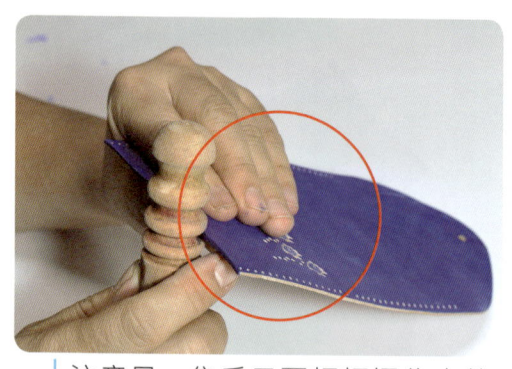

30 | 注意另一隻手只要輕輕握住皮革，勿施力以免皮革變形。

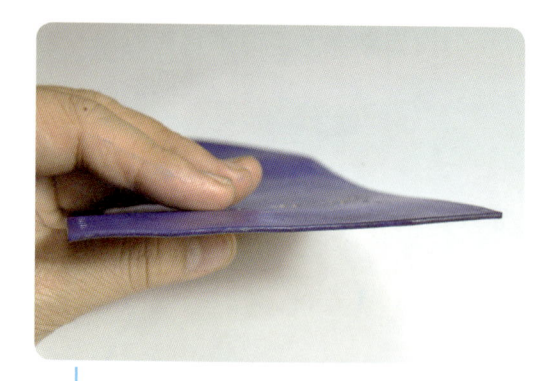

31 | 完成。

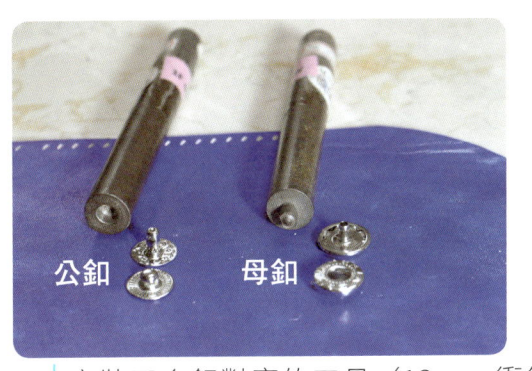

32 | 安裝四合釦對應的工具（12mm 衝鈕器）。

33 | 四合釦公釦先安裝，在下方墊大理石（勿在下方墊膠板，以免打釦後釦子變形）。

34 | 皮革洞孔套上腳長的釦，再放上腳短的另一面釦。

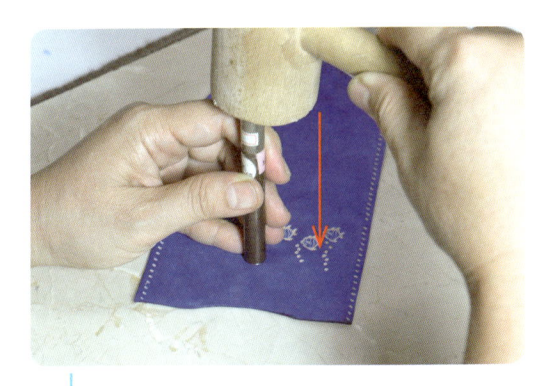

35 | 工具垂直放上，木槌多次輕敲至卡緊。

36 | 完成。

37 | 母釦擺放位置和對應工具，皮革先套上面釦。

38 | 再放上彈簧釦，工具造型需對應釦面的孔造型，中心點對中心。

39 | 工具放上前，先確認工具對應彈簧的位置和釦面的孔有對準。

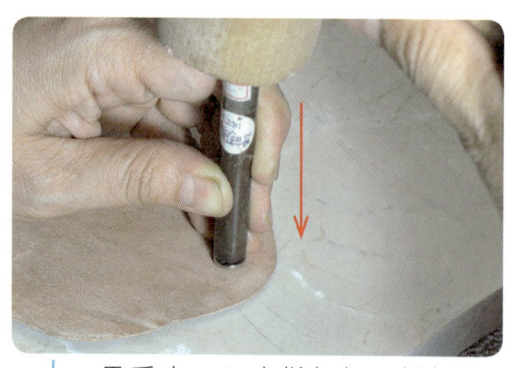

40 | 工具垂直，用木槌輕輕、慢慢地多次敲打，避免用力敲打使釦子變形。

41 | 取出工具輕轉釦子，不動表示有卡緊，若還會轉動則放上工具再敲。

42 | 預備縫線，先確認前後孔的對應位置

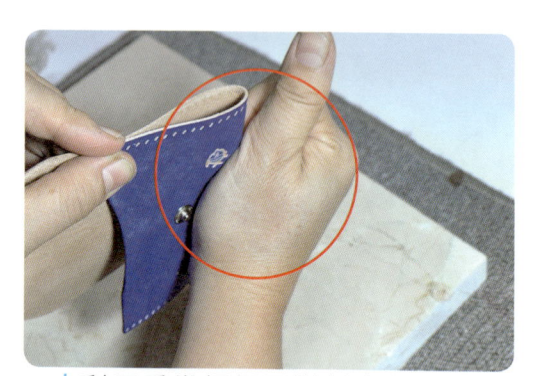

43 | 利用手掌輕輕壓彎折處使之定型，讓縫合時更好拉（皮革經上色和背面處理後，可能變硬，可先在彎折處內面噴水讓皮軟化，方便彎折）。

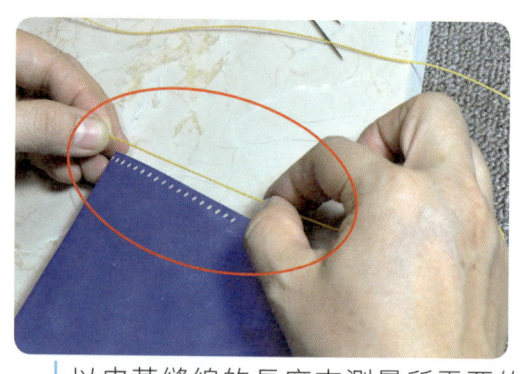

44 | 以皮革縫線的長度來測量所需要的手縫線長度。

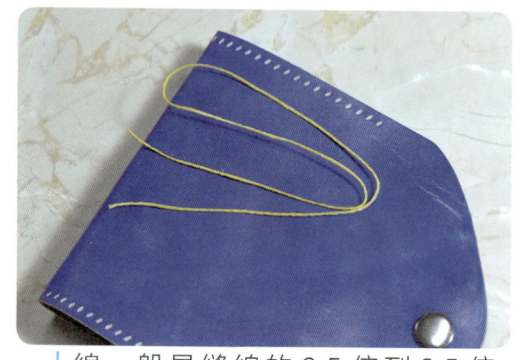

45 | 線一般是縫線的 2.5 倍到 3.5 倍，但此作品小還要加上手縫針的長度，所以至少 4 倍長或可到 5 倍長。

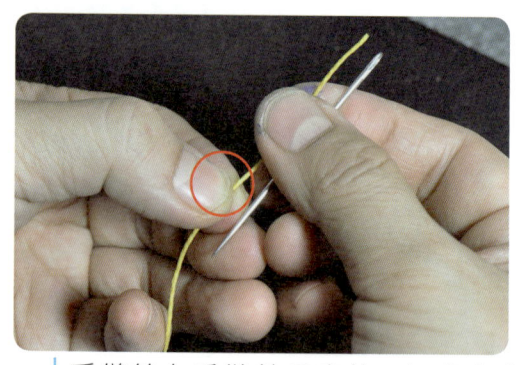

46 | 手縫線在手縫針長度的 2/3 處定出扎針位置。

47 | 針先穿過此點線的中心。

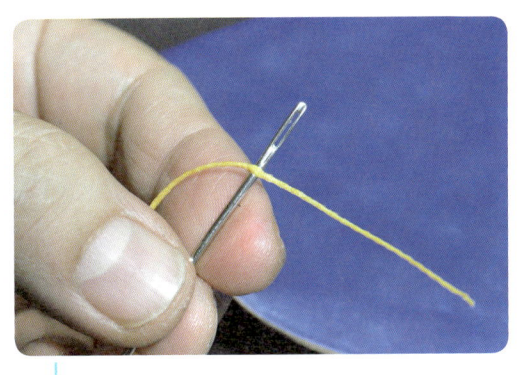

48 | 將線滑到靠近針眼的位置。

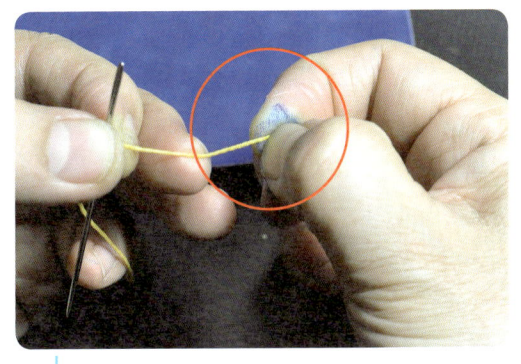

49 | 以指甲將線尾端壓扁，以利穿針。

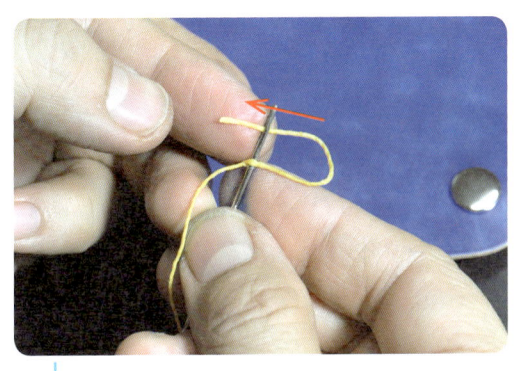

50 | 再將線穿過針眼，拉出如下圖長度。

51 | 手縫針轉 180 度。

52 | 線長的一端往下拉。

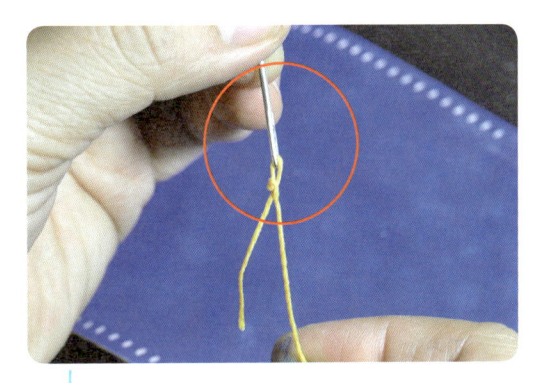

53 | 此時兩端的線會卡在一起。

54 | 再將短的線往下拉，讓卡線的位置靠近針眼。

55 | 將卡線的地方用手指順平（不要有突出狀）。

56 | 線兩端分別以兩支針用相同方式穿好針備用。

57 | 準備膠黏合：預備皮革白膠和上膠片（由於先打好菱斬孔，此處用白膠貼合，若不上膠，邊緣兩面的皮會有縫隙）。

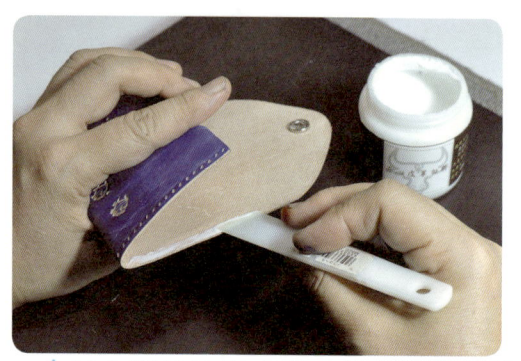

58 | 以上膠片沾取白膠，塗在要縫線的位置邊緣上，寬度約0.5公分，相黏兩面都上膠。

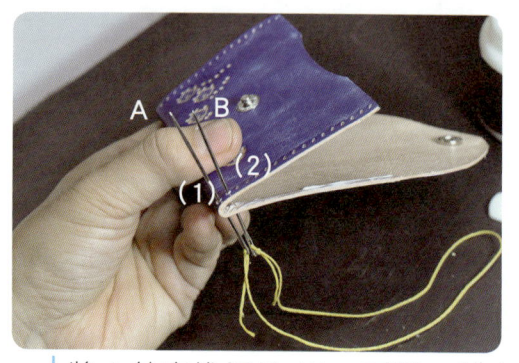

59 | 將A針穿進洞孔(1)，再將B針穿過洞孔(2)。

60 | 兩支針拉出，讓線一樣長。

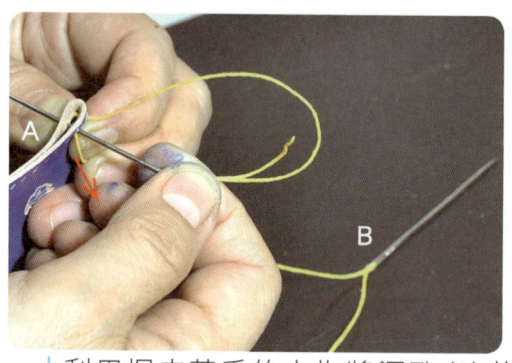

61 | 利用握皮革手的中指將洞孔(2)的線(B針線)往下拉壓住，此時洞孔(2)上方會出現空隙（如下圖），再拿起A針從空隙中穿過進去。

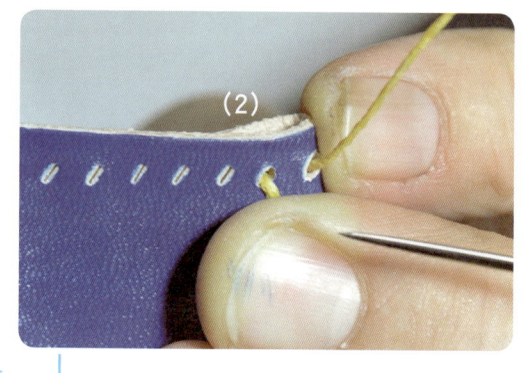

62 | 洞孔(2)空隙特寫。

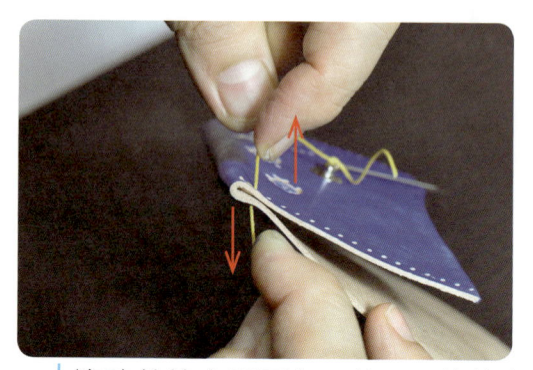

63 | 這時針線會兩面各一條，B線往左上拉緊，A線往右下拉緊。

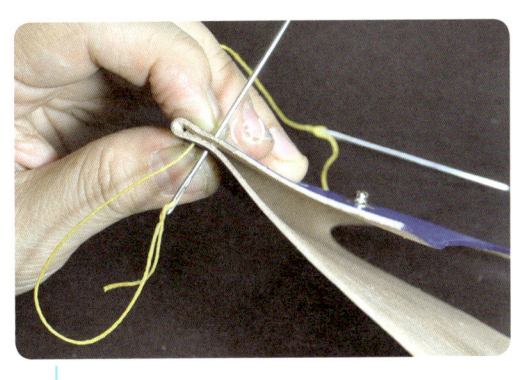

64 | 再將洞孔 (2) 的 A 針往洞孔 (3) 穿出。

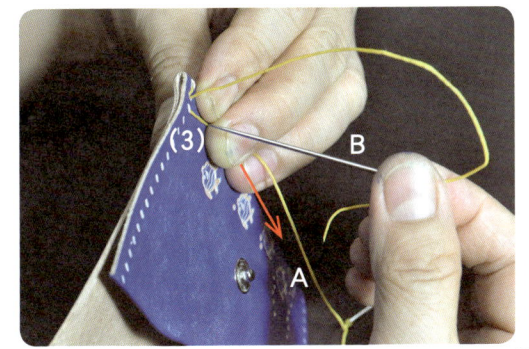

65 | 重複步驟 61～64，將洞孔 (3) 的 A 線往下拉緊（避免針往上穿的同時穿過線身，如步驟 67），此時洞孔 (3) 上方會出現空隙。

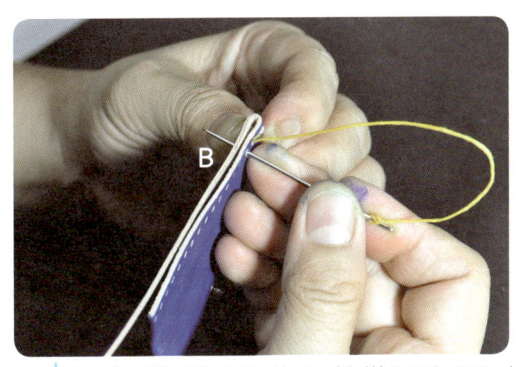

66 | 再拿起洞孔 (2) 的 B 針從洞孔 (3) 上穿出。後續重複相同動作。

67 | 錯誤示範：針穿過洞時穿進線身，會造成兩邊的線互卡。

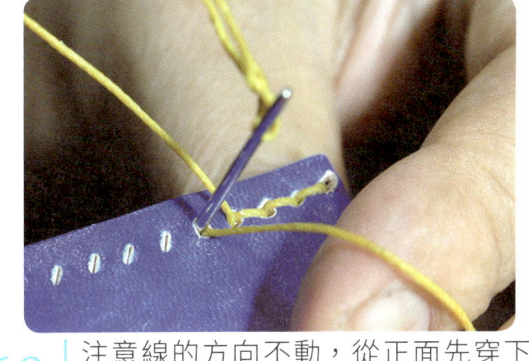

68 | 注意線的方向不動，從正面先穿下的線必須在下方，要穿洞的針要在線的上方。

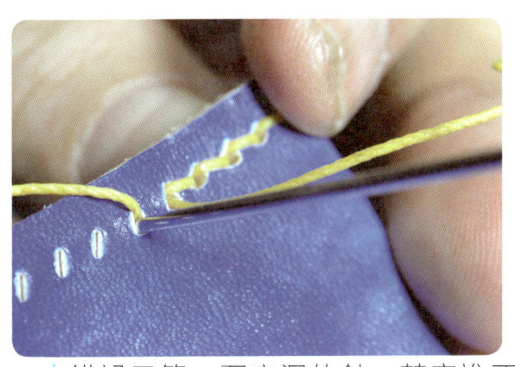

69 | 錯誤示範：要穿洞的針，若穿進不動的線下方洞孔的方向，會造成縫好的線呈現不規則狀。

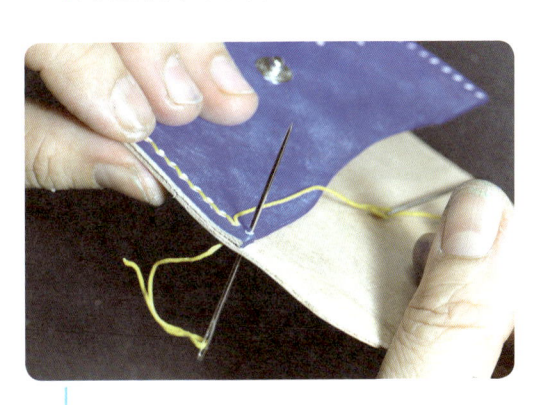

70 | 準備收尾。

71 | 縫到倒數第二洞，此針穿過後接著下一步驟。

72 | 此針再從外面穿過最後一洞(跨針)。

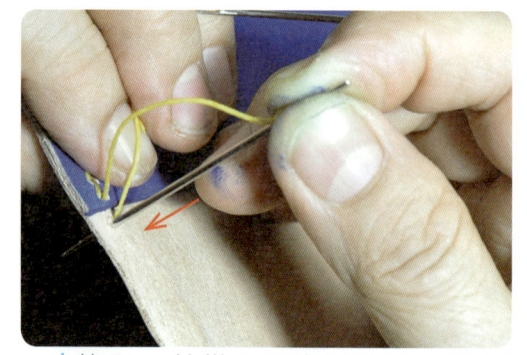

73 | 換另一針從內面穿過最後一洞(此為回針補強作用,為避免使用時對貼的皮分離)。

74 | 再換另一針穿過倒數第二洞,讓兩針線尾皆留在外面。

75 | 拉緊。

76 | 用剪刀剪掉多餘的線,留下約0.1〜0.2公分。

77 | 將皮彎曲,以打火機燒掉線尾。

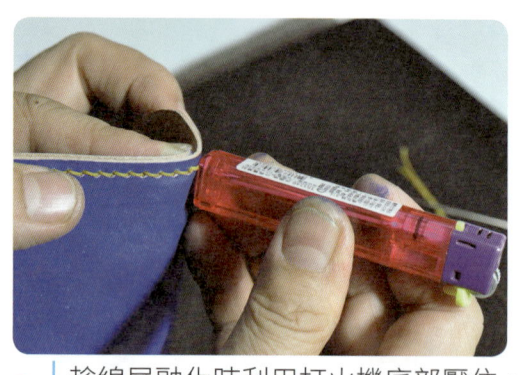

78 | 趁線尾融化時利用打火機底部壓住,使它與原先縫的線黏在一起,就不會脫落。

79 | 完成。

80 | 另一邊同樣的方式縫完。

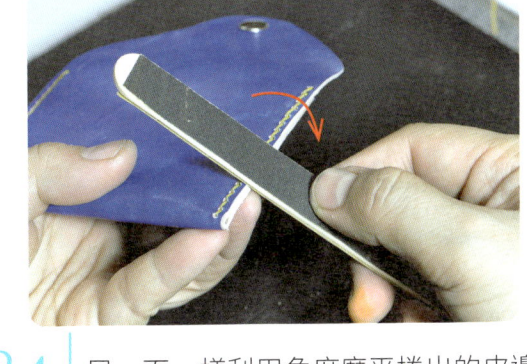

84 | 另一面一樣利用角度磨平捲出的皮邊。

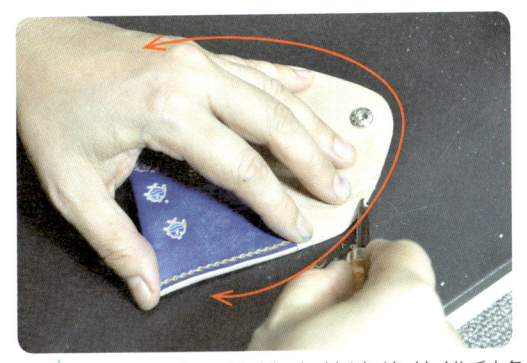

81 | 拿出修邊器修掉皮革邊緣的銳利角，整個紅線標示處的邊緣都要修。

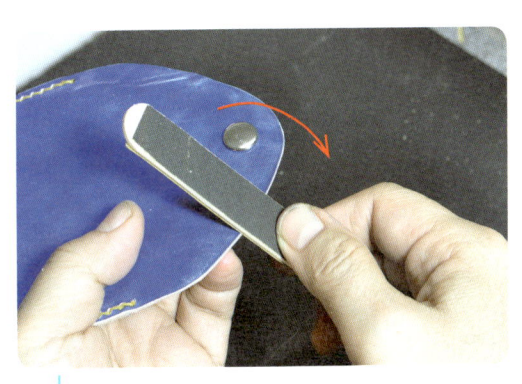

85 | 外圍邊緣一樣利用角度磨平捲出的皮邊。

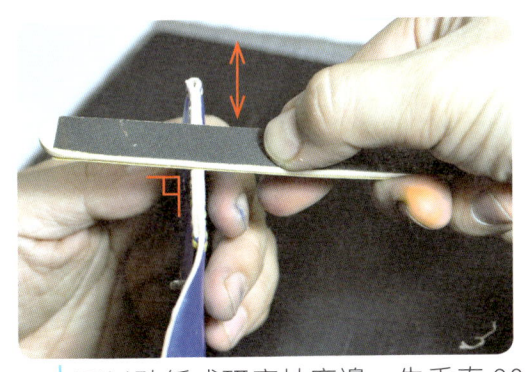

82 | 再以砂紙或研磨片磨邊，先垂直 90 度磨平。

86 | 再將皮邊補上顏色。

83 | 傾斜角度往下磨滑。

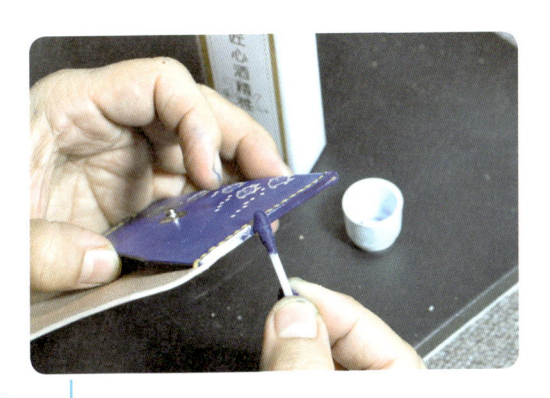

87 | 也可利用棉花棒補色。

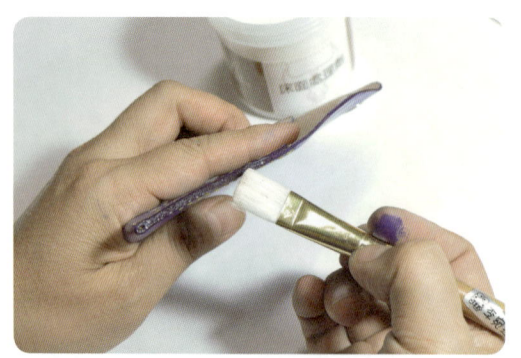

88 | 外圍邊緣全部補色完成，再沾取床面處理劑塗上外圍邊緣。

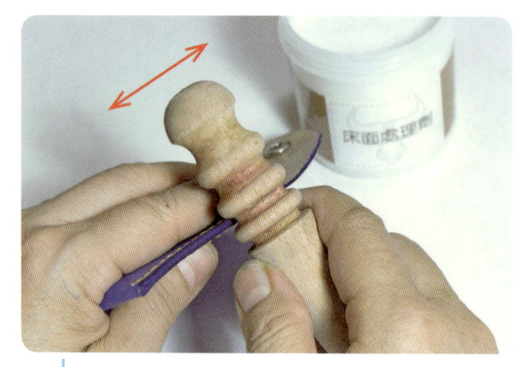

89 | 利用磨緣器凹槽將皮邊磨亮。

90 | 完成。

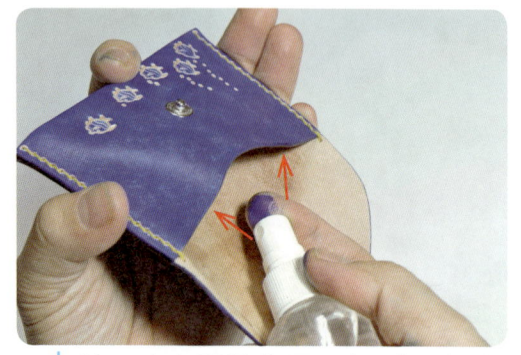

91 | 利用噴水器將作品內部（兩邊縫線的邊緣）噴濕。

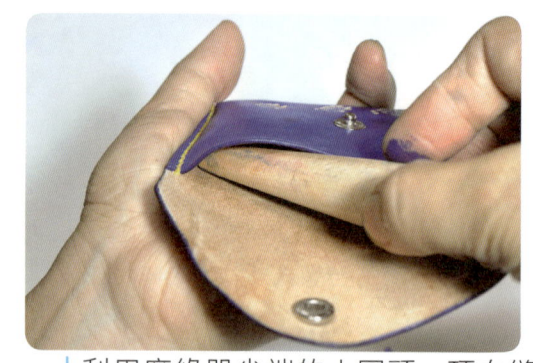

92 | 利用磨緣器尖端的小圓頭，頂向縫線邊上方的皮面使之突起，這個動作稱為塑型。

93 | 塑型完成，平面的作品鼓起。

94 | 完成。

95 | 延伸製作：名片零錢包，可於側邊加入厚度。製作過程可掃描 QRCode，或輸入網址：http://reurl.cc/nn3A62。

三、可愛的皮塑

貓頭鷹吊飾

說明：

體驗皮革的可塑性，延伸至平面與立體間的變化，製作出可愛的吊飾們。

延伸玩法：皮塑小動物

需要工具（用具）：

木槌、膠板、大理石、地墊一組。沾水海綿、尼龍刷、木製磨緣器、旋轉雕刻刀、印花工具U710／U855、尖嘴鉗、鑷子、調硬化劑的容器（建議拿有蓋子的塑膠容器，用剩的硬化劑下次還可再用）。

材料（耗材）：

1.8～2.0mm 植鞣革	一片
圓形皮片	兩片
皮革染料	數種
紗布	一捆
水	少許
皮革硬化劑	一罐
皮革艷色劑	一罐
三件鎖組五金	一組
工藝快乾膠	一組
強力膠	一條
簽字筆（黑色）	一支

KeyWord：
認識皮革特性、讓平面皮革轉變成立體、可塑性與延展性的運用

01 | 準備印花工具和皮片。

02 | 先將皮沾濕。

03 | 鳥類背部羽毛較粗,用印花工具 U710 平敲展現粗大效果。

04 | 第一排從中心敲,再往兩邊順著敲,第二排沿著工具圖樣,中間依序敲一排。

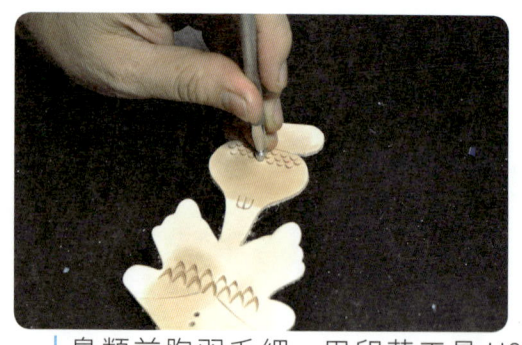

05 | 鳥類前胸羽毛細,用印花工具 U855 做出較短小的羽毛效果。一樣從第一排中心敲,再往兩邊順著敲,第二排沿著工具圖樣,中間依序敲一排,再敲出三排,可一層層讓工具稍傾斜,做出漸漸變小的層次感。

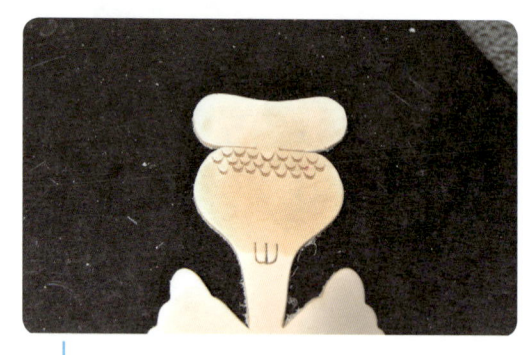

06 | 完成前胸羽毛。

07 | 以雕刻刀輕畫出羽幹,不需太用力。

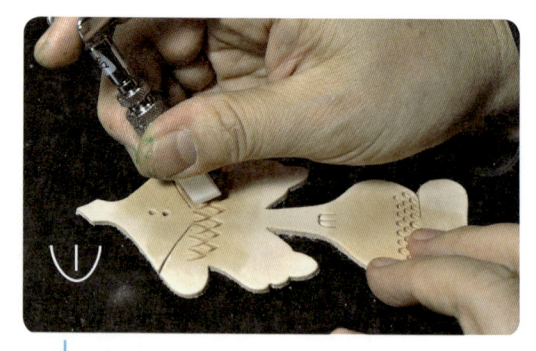

08 | 背部一樣以雕刻刀輕畫出羽幹。

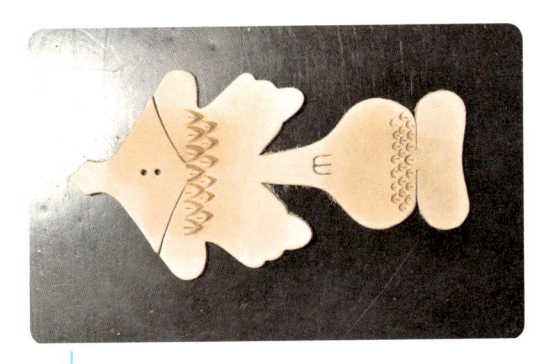

09 | 完成了背部和腹部的羽毛。

13 | 完成翅膀羽毛。

10 | 翅膀的羽毛羽幹更大，需用雕刻刀刻畫表現。

14 | 取出皮革染料和紗布，將紗布折成小球沾染料。

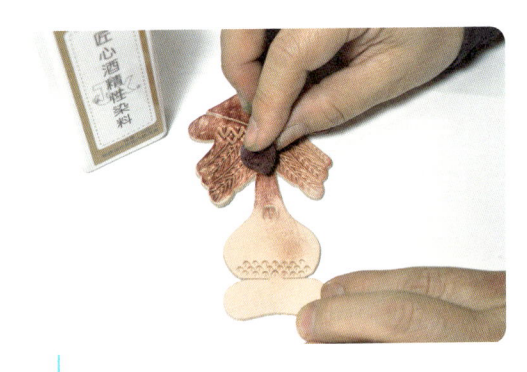

11 | 兩邊都各刻出幾條線。

15 | 以畫圓圈的方式乾擦。

12 | 再用雕刻刀輕輕刻出羽毛線條。

16 | 乾擦後，圖案線條留下明顯圖案。

三、可愛的皮塑：貓頭鷹吊飾

17 | 準備硬化劑、水、木製磨緣器、調硬化劑的容器。

18 | 先倒一些水進入容器中。

19 | 再倒入硬化劑（水和硬化劑比例為1:1）。

20 | 因為作品小，直接將上好色的皮放入稀釋過的硬化劑中，讓每個部位都確實吸到水（每個皮吸水量不定，這時可能會有部分色料掉下，不必在意）。

21 | 取出後，一手輕握皮革，利用大拇指和中指壓住兩端，另一手以木製磨緣器的圓頭往上頂，用力的將大拇指和中指中間的皮撐上。

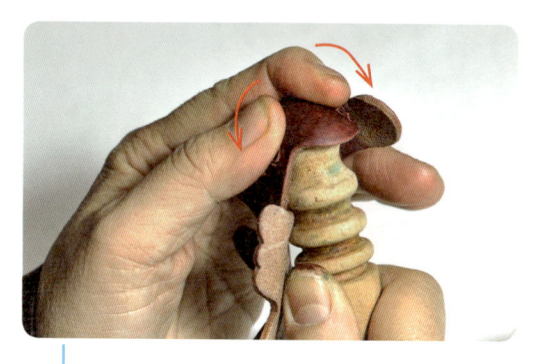

22 | 確實施力，兩隻手一上一下。

23 | 當皮遇水變軟，加上磨緣器的壓力，這時平面的皮變圓鼓了。

24 | 換背部，用一樣的方式塑型。

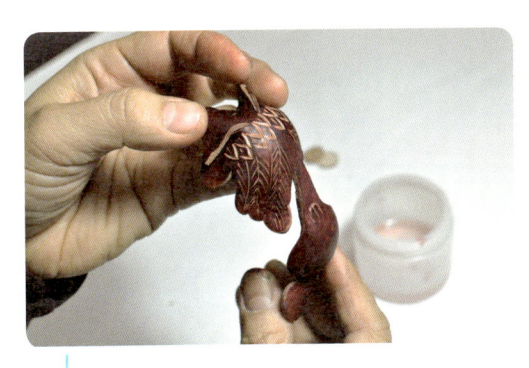

25 | 完成了腹部與背部的塑型。

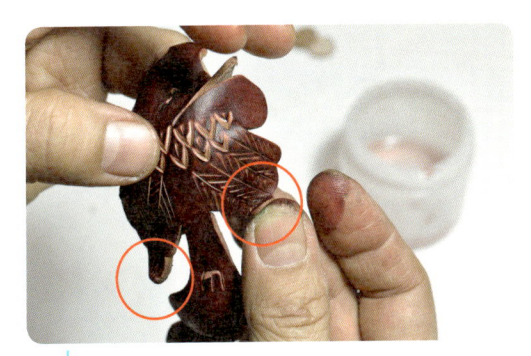

26 | 再將翅膀羽毛尾端輕輕往外壓。

27 | 使翅膀尾端翹起。

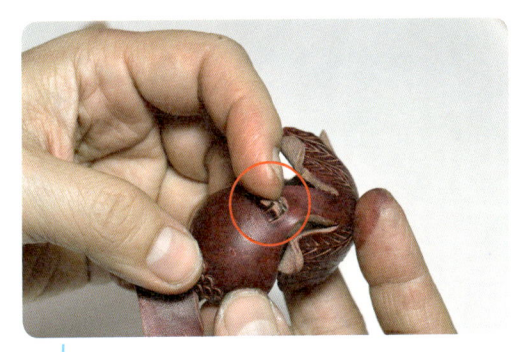

28 | 將腳拉出。

29 | 上蓋（頭）兩邊耳朵捏尖。

30 | 嘴部也捏尖。

31 | 完成。

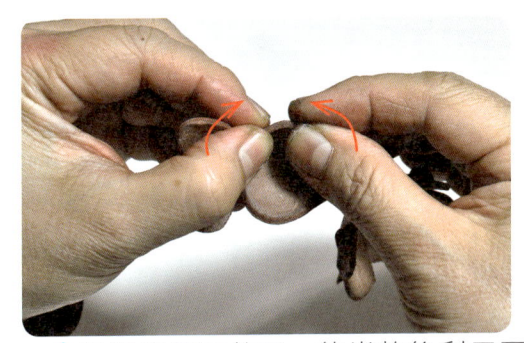

32 | 如果腹部不夠圓，待半乾後利用兩隻手往內擠（有點像做包子或水餃一樣），這時邊緣會因擠壓周長變短，就更圓了。

三、可愛的皮塑：貓頭鷹吊飾

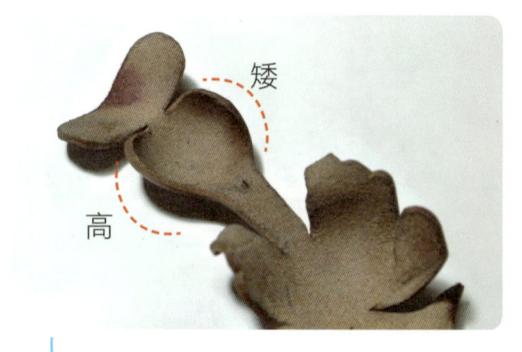

33 | 如果圓形不平均會大小邊（不對稱）。

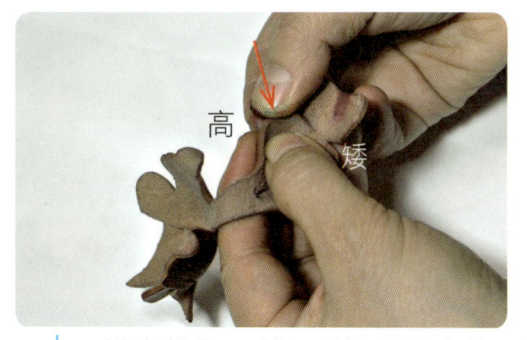

34 | 一樣半乾後，利用手指頭將高的一邊往下壓。

35 | 這樣就能調整皮的圓弧形。

36 | 完成塑型。

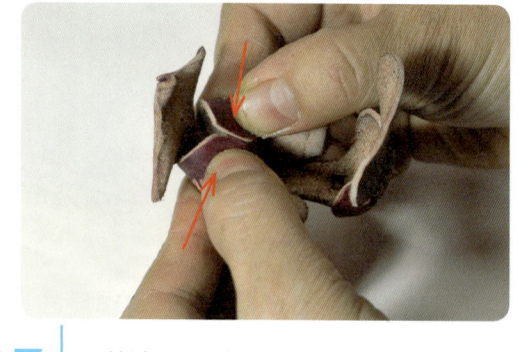

37 | 再將這裡兩邊往內壓平，以利前片黏貼。

38 | 準備強力膠、上膠片、美工刀。

39 | 為了加強黏著性，將光滑皮面刮粗。

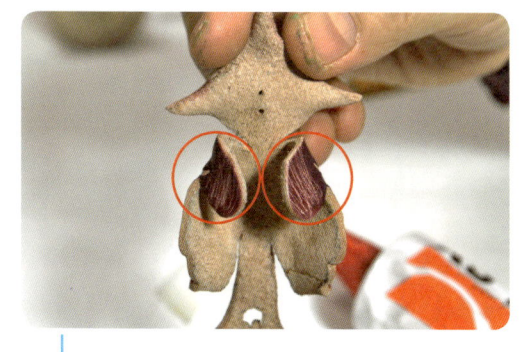

40 | 兩邊上膠處都刮粗。

41 | 以上膠片沾取少量強力膠，紅色圈圈處都確實上好強力膠。

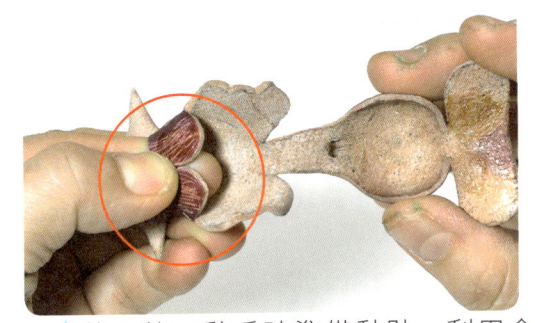

42 | 待膠乾不黏手時準備黏貼，利用食指頂住要貼的兩邊皮，再以大拇指固定，另一手握住前肚部分。

43 | 利用食指頂住要貼的兩邊皮，再以大拇指固定，另一手將前肚黏貼處貼上。

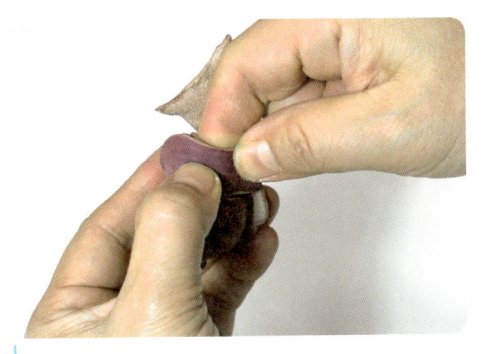

44 | 施力壓緊，幫助黏貼牢固。

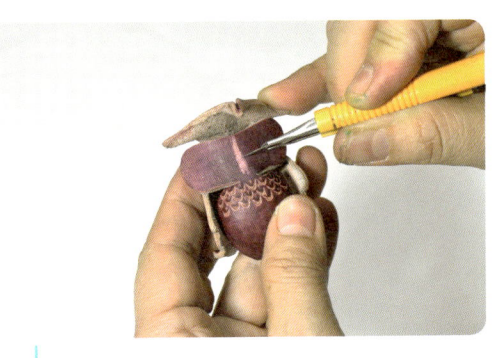

45 | 眼部中間刮粗預備上膠。

46 | 刮粗處與相黏處皆上膠。

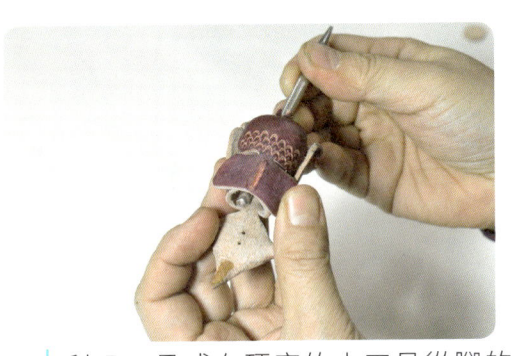

47 | 利用工具或有硬度的小工具從腳的開口處深入內部，頂住中心。

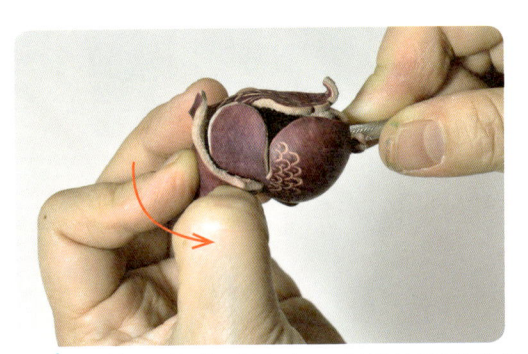

48 | 再將頭蓋的嘴貼上，並利用剛剛套入的工具和手的力量壓緊，讓貼合牢固。

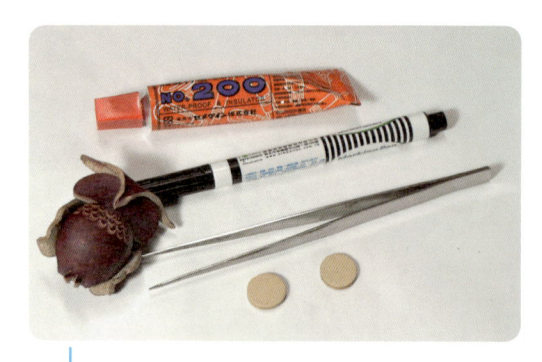

49 | 準備工藝快乾膠、簽字筆、鑷子。

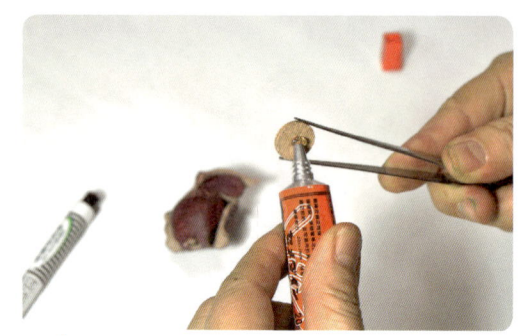

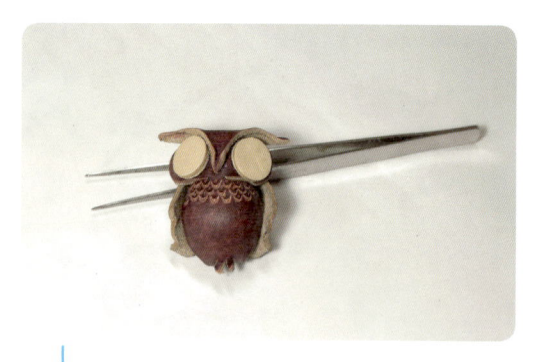

53 | 將兩個眼睛都黏好。

50 | 利用鑷子（如沒有，直接用手也可以）夾住圓形皮片，再沾取快乾膠塗上。

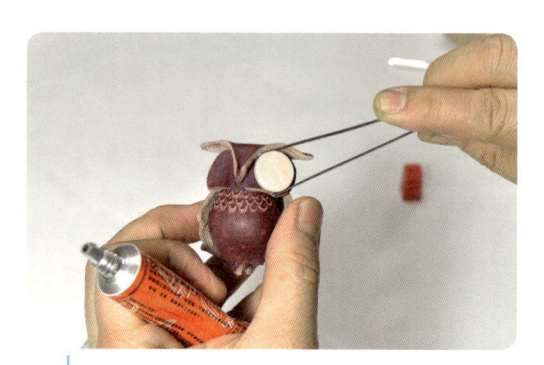

54 | 以簽字筆畫出黑眼珠。

51 | 直接貼上。

55 | 準備保護劑（艷色劑）、尼龍刷。

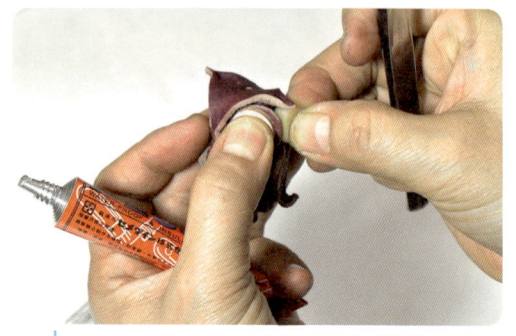

52 | 利用手壓緊（由於是立體的，另一面要利用手或工具頂住，才不會壓扁）。

56 | 以尼龍刷沾保護劑塗在整個作品上。

三、可愛的皮塑：貓頭鷹吊飾

57 | 準備五金組裝。

58 | 利用尖嘴鉗夾住小C圈，再套入頭蓋的小洞中。

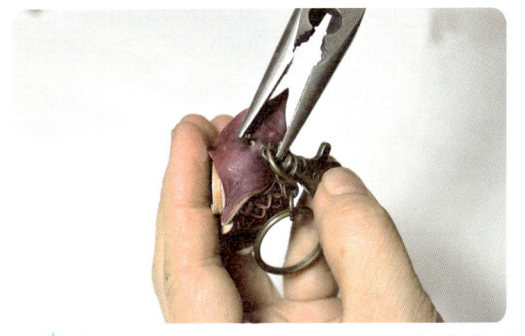

59 | 放入四目鍊和鋅勾，再用尖嘴鉗將C圈夾緊。

60 | 完成了可愛的貓頭鷹吊飾。

61 | 延伸玩法：貓頭鷹DIY改造成便利貼夾。

62 | 延伸玩法：皮塑小動物。

更多教學影片
https://reurl.cc/pm71Aa

四、多樣的皮雕

汽車鑰匙包

說明：

雕刻與編織也能運用在皮革工藝中，製作出特別的汽車鑰匙包。

延伸玩法：手縫鑰匙包

需要工具（用具）：

木槌、膠板、大理石、地墊一組。12mm 衝鈕器一組、雙頭描筆、標準雕刻刀、2B 或 HB 鉛筆、印花工具 B198 / B936 / B701 / D435 / E684-S、防延展膠帶、剪刀、沾水海綿、皮革文鎮、三角尺、毛筆、油染筆、尼龍刷、修邊器、木製磨緣器、研磨棒、噴水器。

材料（耗材）：

2.0 植鞣革	一片
汽車螺絲釦	一個
12mm 四合釦	一組
皮革酒精性染料	一罐
皮革油性染料	一罐
水性仕上劑	一罐
油性特級仕上劑	一罐
紗布	一捆
床面處理劑	一罐
廣告紙	數張
邊油	一罐

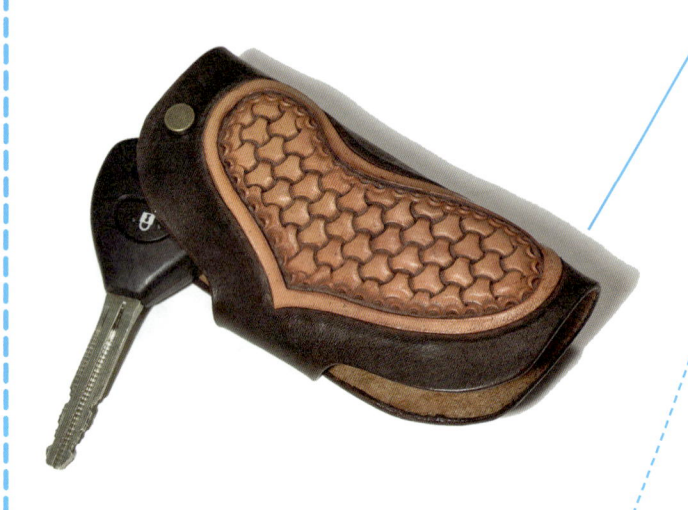

KeyWord：

雕刻與復古染料應用、印花工具、簡易雕刻、編織圖案（油染應用）、雕刻變化與生活運用

四、多樣的皮雕：汽車鑰匙包

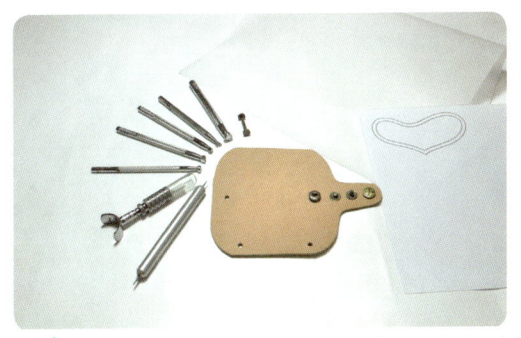

01 備好圖稿和描圖紙、雕刻工具、材料與配件。

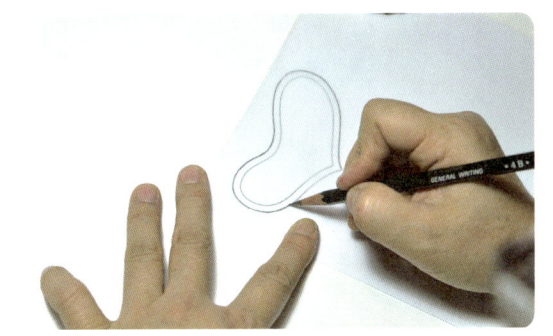

02 將描圖紙置於圖稿上，再用鉛筆仔細描繪。

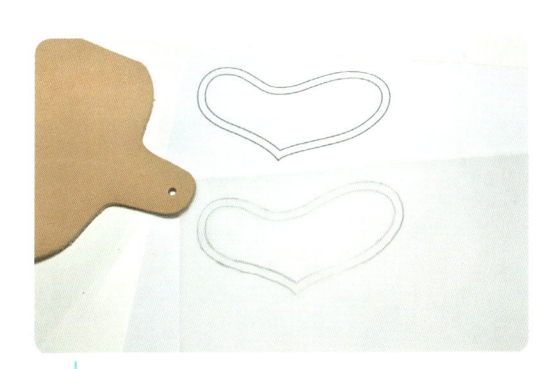

03 如圖。

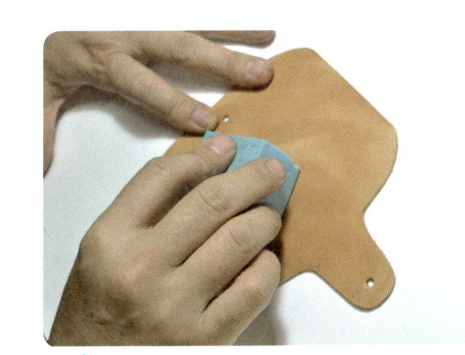

04 以沾濕的海綿將皮打溼。

05 將已描好圖稿的描圖紙放在要雕刻的皮革上，可用皮革文鎮壓住紙，避免移動。再以描筆（較圓的一端）劃過描圖紙上的線條，完成轉繪動作。

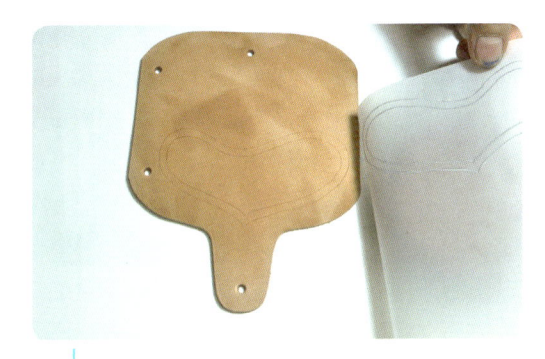

06 這樣，皮革上就留下圖案線條。

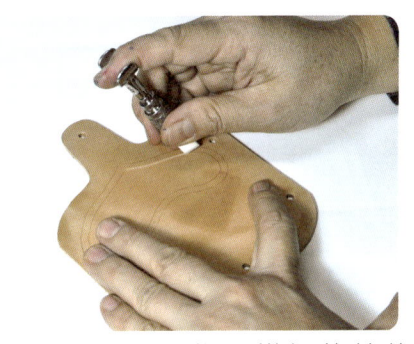

07 再以旋轉雕刻刀依剛描好的線條刻過，這樣皮就會因刻刀留下刻痕。

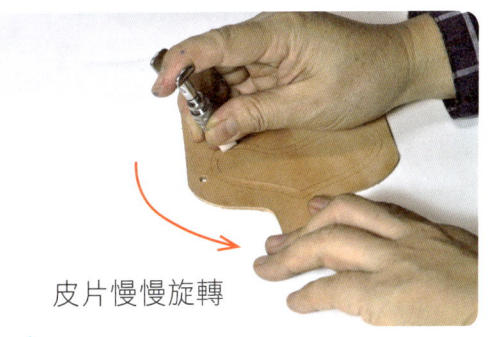

皮片慢慢旋轉

08 遇圓弧處可將皮慢慢旋轉，輔助刻刀的行動更順暢。

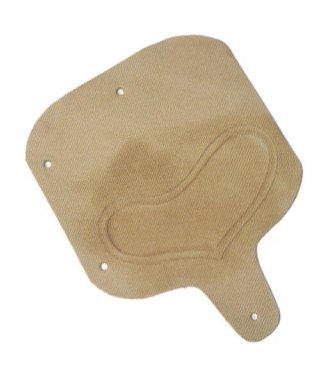

09 | 完成兩條線條的刻線。

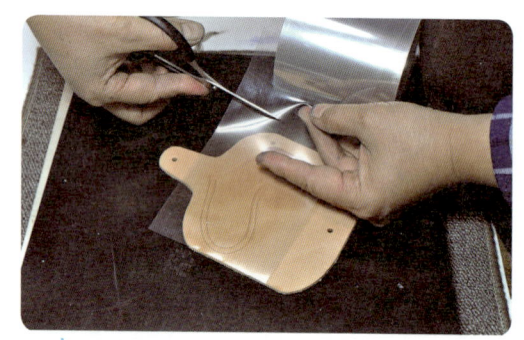

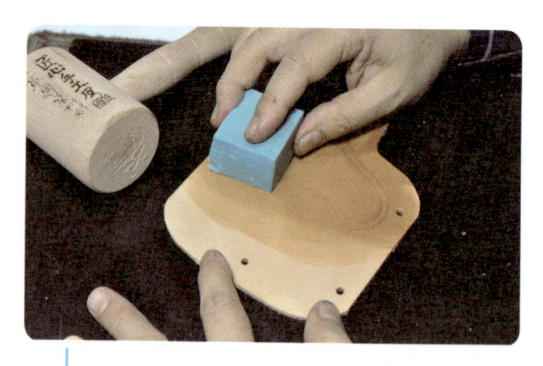

13 | 注意皮革的濕度，太乾燥時要再塗上水。

10 | 取出防延展膠帶，依作品長度剪下需要的膠帶長度。

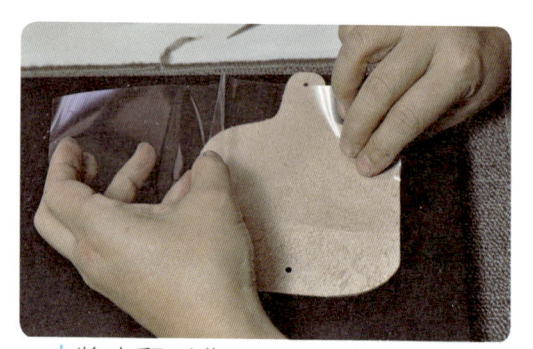

14 | B198 的工具為四方型網紋傾斜面，利用較高一邊（畫紅線處）放置於已用雕刻刀刻過的刻痕中，再以木槌敲打工具，就能讓線條更明顯。

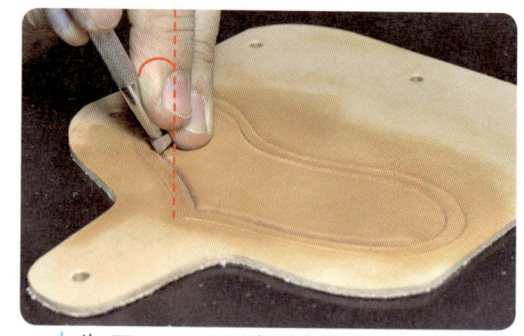

11 | 將皮翻到背面，取剛剪好的防延展膠帶，貼在要雕刻的位置上，並壓平使之服貼。

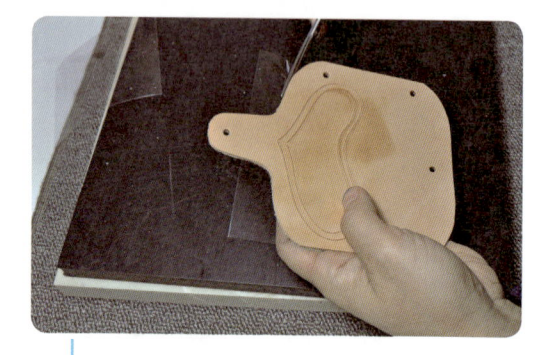

15 | 先用 B198 以傾斜角度利用工具的角邊對在剛刻過的線上，注意工具角度產生的變化，並確實讓工具角邊卡進了剛刻的線痕裡，工具放的方向（如圖）利用木槌敲打工具使皮下陷，產生凹槽。
傳統雕刻中，B198 放置線條外圍，圖案就會凸起。

12 | 將多出的膠帶剪掉。

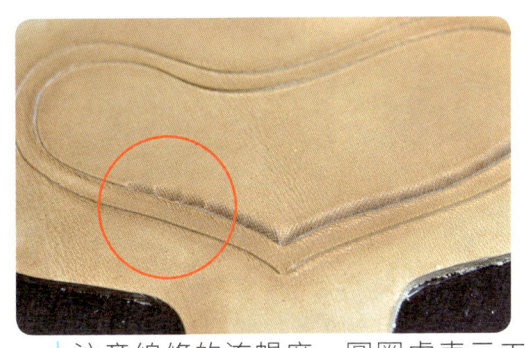

16 注意線條的流暢度，圓圈處表示工具沒銜接好，或力道不平均，留下工具移動的痕跡，產生過多雜線，線條混亂，要避免此狀況。
可再敲打一次，修成像右邊一樣順暢。

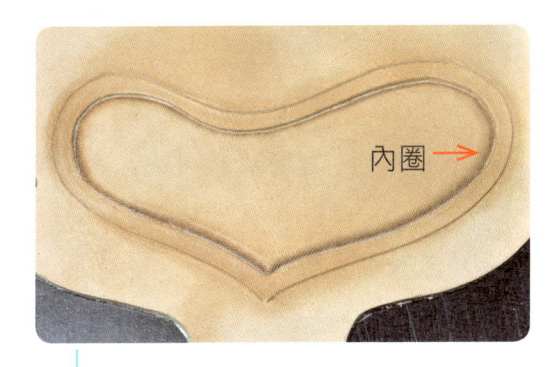

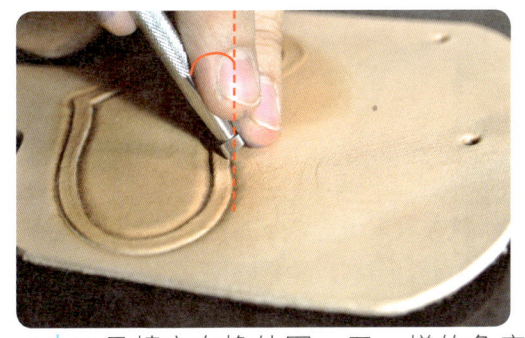

17 內圈敲完後完成。

18 工具轉方向換外圈，用一樣的角度以敲出線條凹痕，這時畫稿的雙心圖會在皮上呈線出凸起的效果。

19 完成了兩條線的敲打，心型顯得突出。

20 利用三角尺和描筆在剛剛心型的裡面畫一條基準線。

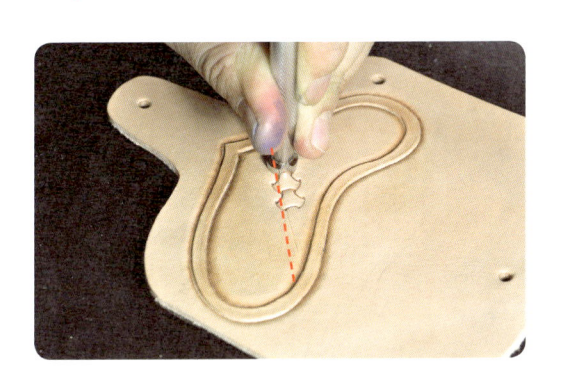

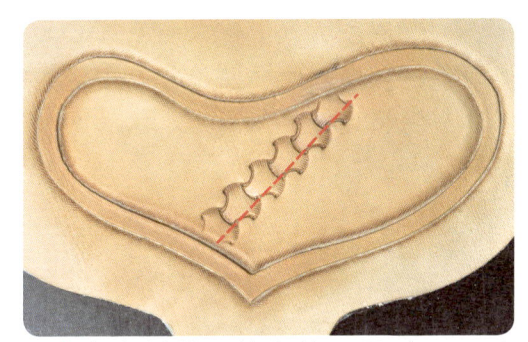

21 拿出編織用的印花工具（E684-S）依剛剛畫的直線為基準，敲下工具，並延續排列，注意對準再敲打，避免偏離。注意工具對準紅線基準線。

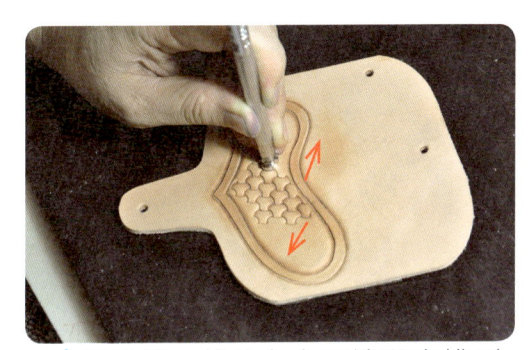

22 再沿第一排往左右兩邊順序排列，注意邊緣位置，避免敲到剛剛以 B198 敲出的線條。

四、多樣的皮雕：汽車鑰匙包

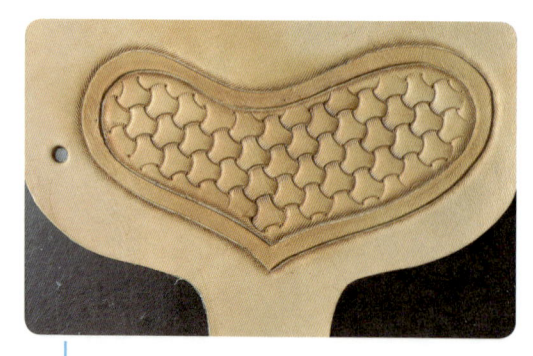

23 | 完成編織圖案。

24 | 應用收邊工具（D435），沿內圍小心型的周圍敲打，此時讓工具稍斜可製造出深淺刻紋，讓收邊工具與編織工具自然的銜接。

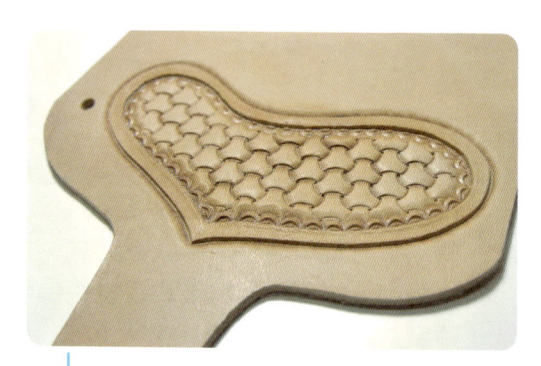

25 | 圖案完成。

26 | 上色前先撕掉防延展膠帶。

27 | 預備酒精染料和毛筆。

28 | 將毛筆沾上染料。

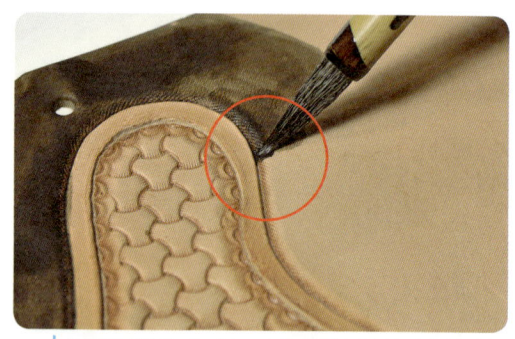

29 | 注意筆尖向前，確實將敲過邊線的部分塗到顏料。愛心刻好圖的部分不上色。

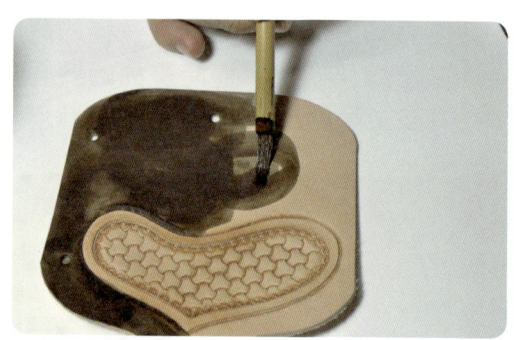

30 | 以畫圓圈的方式輕輕上色，一層層加色，這組染劑約上 2～3 次就可均勻，有些染劑可能要上更多次，或需稀釋才容易上勻，不至於產生色塊。

四、多樣的皮雕：汽車鑰匙包

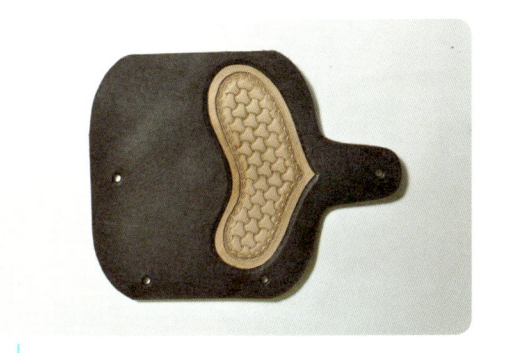

31 | 上色完成。

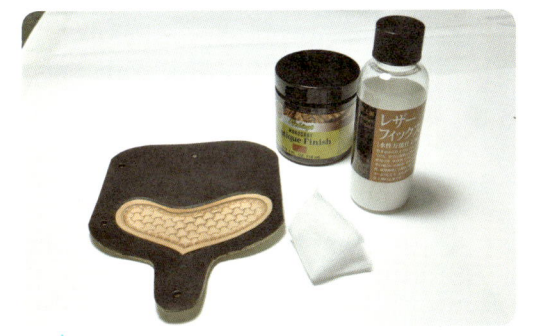

32 | 預備艷色劑和油染、紗布 2 塊（塗油染紗布需大塊些）。

33 | 先用油染筆沾取艷色劑。

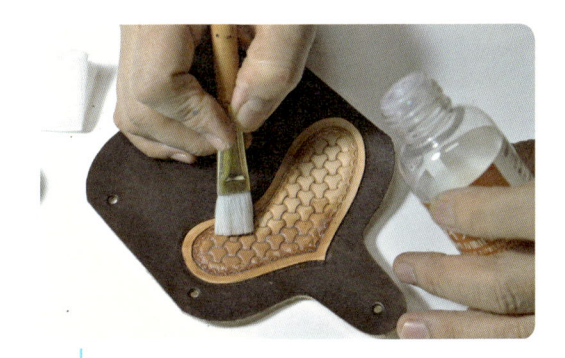

34 | 塗在未上色的愛心圖上。

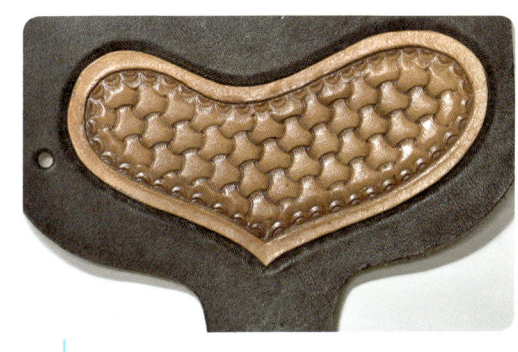

35 | 約可上 2～3 次後待全乾。

36 | 預備油性特級仕上劑和油性染料。

37 | 稀釋油染：將油性特級仕上劑順著油染筆流入油染內（這個動作需求視油染濃稠度而定，不一定非加不可）。

38 | 此時少量油性特級仕上劑浮在油染上面。

39 利用油染筆輕輕將特級仕上劑和油染攪拌。

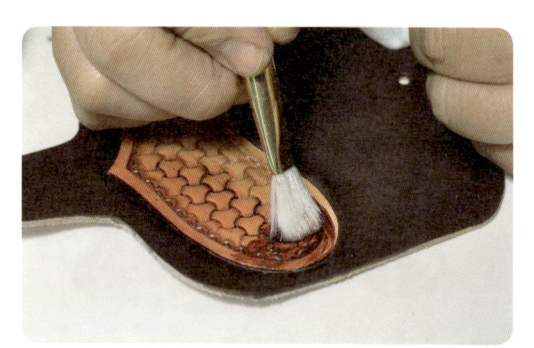

40 利用油染筆沾取少量油染塗在圖案上，並利用推擠的方式，將油染填入雕刻下陷的紋路中。

41 再取紗布輕輕的將多餘的油染擦掉。注意油染停留在皮上的時間越久，顏色會越深，用紗布擦拭時若用力，則會把剛剛艷色劑乾掉後形成的薄膜弄破，將會造成表面產生花點，影響美觀。

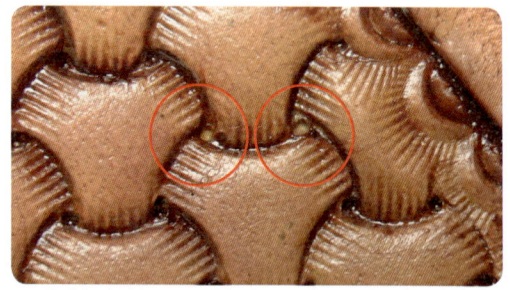

42 擦完後要再檢查，看是否凹陷處都確實被油染所填滿，如圖紅色圈圈處就是遺漏的部分，要以剛剛的油染刷再次補上。

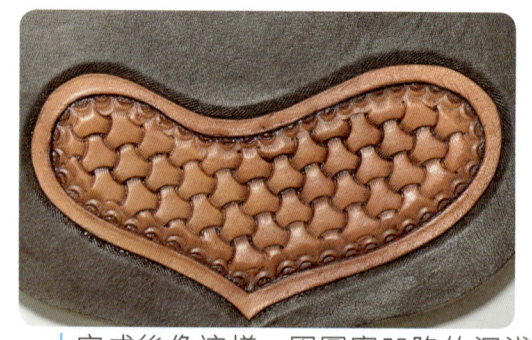

43 完成後像這樣，因圖案凹陷的深淺，油性染料自然地在表面上產生深淺色，造成自然的層次效果。

44 由於染料屬膏狀，就算剛剛的乾紗布已擦拭過，但表面仍殘留少量油染，若要讓突出部分更明亮，此時可利用乾淨紗布沾取少量油性特級仕上劑，再輕輕擦一次。這時便能擦掉殘留在上的少量油染，並順道做最後的保護。

45 若因面積大需再擦拭，就必須找紗布其他乾淨的部位(無沾染油染處)沾取少量油性特級仕上劑再擦拭，如此完成圖案部分的上色和保護。
再利用剛剛用過的紗布和留在紗布上的油染，沾取油性特級仕上劑，擦滿整個作品，順道讓整件作品都上滿保護劑。

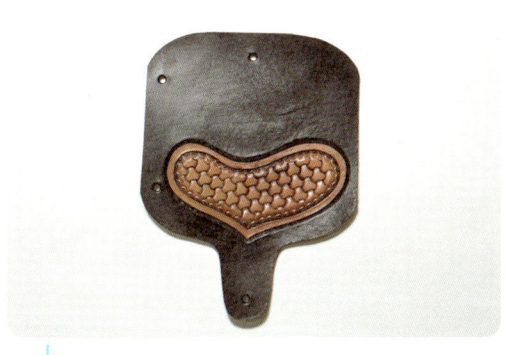

46 | 完成整個作品表面上色和保護。

47 | 預備處理皮革背面纖維和毛邊。

48 | 用乾淨的尼龍刷沾取皮革床面處理劑，平塗在皮革背面。

49 | 在背面處理劑乾掉之前，以木製磨緣器前端的面在皮上來回施力的推磨，皮背面將因床面處理劑的黏性，藉著木製磨緣器的平面施力讓皮背面纖維密合，變得光滑。高品質的背面處理劑，乾燥後也不會黏手不舒服。

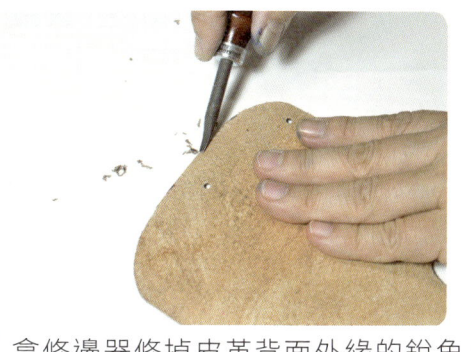

50 | 拿修邊器修掉皮革背面外緣的銳角，注意角度往前推。

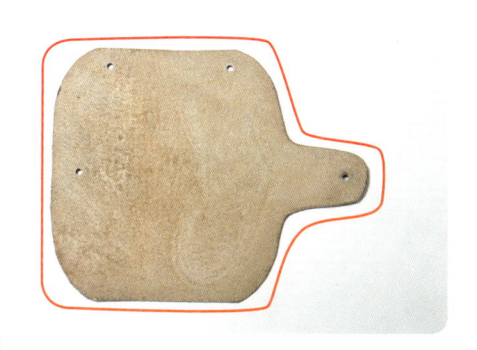

51 | 全部皮革外緣都修好。

52 | 如圖。

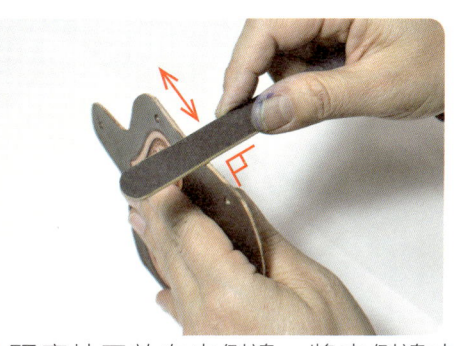

53 | 研磨片平放在皮側邊，將皮側邊來回磨過。這個動作能加速下一步的皮革毛邊處理，若少了這一步，將會花更多時間磨邊。

四、多樣的皮雕：汽車鑰匙包

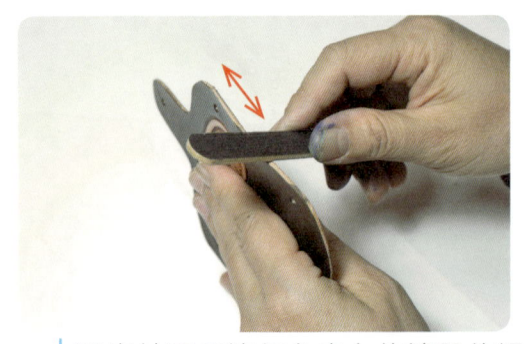

54 | 研磨片再用這個角度在修邊器修過的導角面依紅色箭頭方向來回磨。

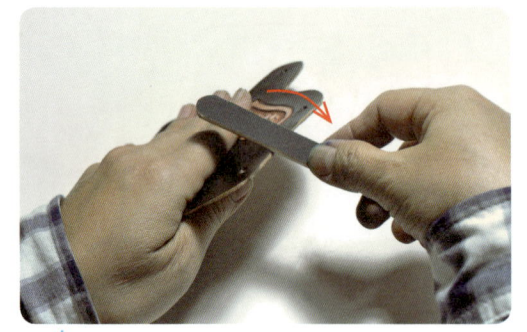

55 | 用這個傾斜角度，依箭頭方向輕拉磨過，將捲曲到皮面的毛邊修掉。

56 | 預備上邊油，為方便上邊油，可將邊油分裝在眼藥水瓶內，若無眼藥水瓶分裝，可用烤肉用小竹籤沾取邊油平塗。

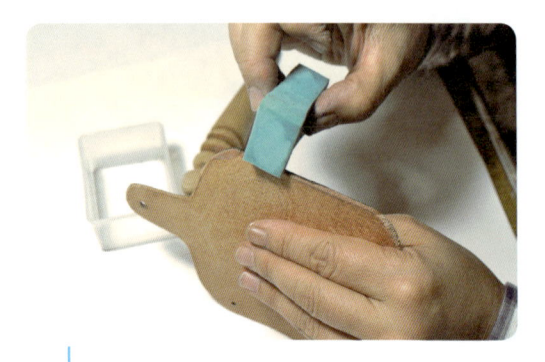

57 | 先用海綿將皮邊沾濕。

58 | 利用水讓皮邊纖維軟化，再利用木製磨緣器輕輕磨過，這時皮邊剛才以砂紙磨過而產生的毛躁處，會因水的軟化與木製磨緣器的磨擦變光滑。

59 | 轉彎處利用木製磨緣器前端面來磨光滑。

60 | 利用眼藥水瓶，將邊油擠出恰好的量留在皮邊上。紅圈遺漏處需再全部塗滿。

平滑光亮

凹凸不平

61 | 如此光亮就完成邊油塗製作業。乾後若發現皮邊表層有坑洞不夠平滑，就需再修補。

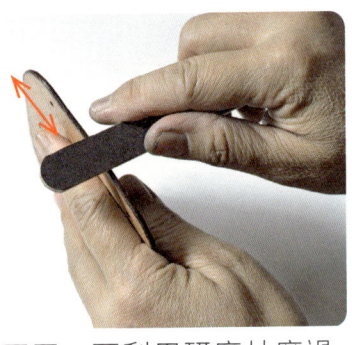

62 | 若凹凸不平，可利用研磨片磨過，再補邊油。

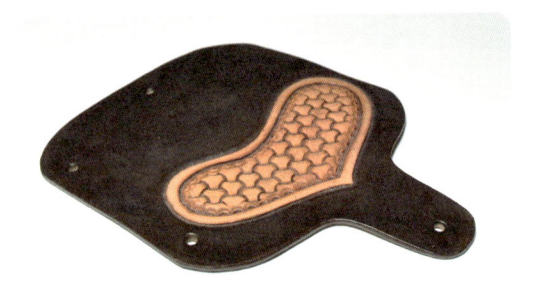

63 | 主體完成。

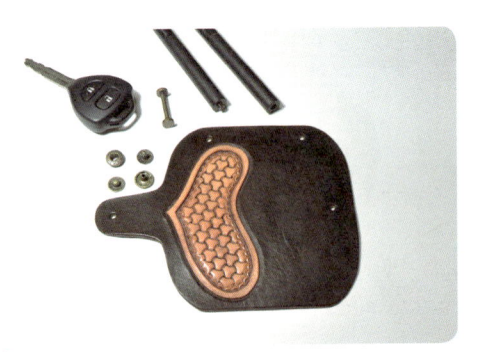

64 | 準備汽車鑰匙、四合釦和工具，以及汽車螺絲釦。

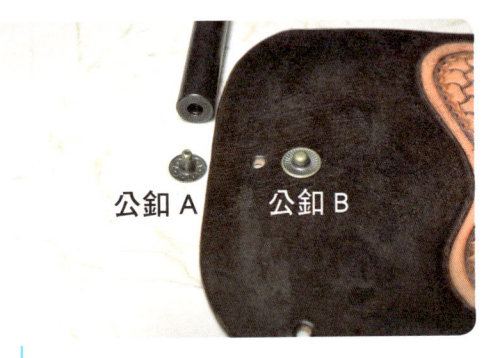

65 | 確認釦子放置位置和應對的工具。

66 | 放置於大理石（花崗岩）面上，公釦A置於皮下面，穿過打好的皮孔，再將公釦B放皮面上套進公釦A腳，工具垂直套在釦子上用木槌多次輕敲。

67 | 輕輕轉釦子，不會轉動表示有卡緊，表示完成組裝。

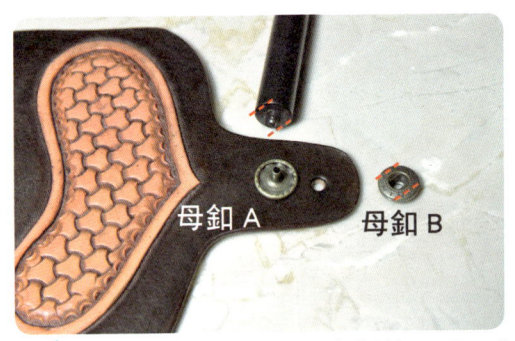

68 | 確認釦子放置位置和應對的工具，紅色虛線為工具造型需對應釦面的孔造型。

69 | 將皮翻至背面，放在大理石（花崗岩）面上，母釦A放在皮下方，套進皮面洞孔，母釦B放於皮上方；母釦B彈簧面向上套進母釦A腳。
工具依母釦B彈簧方向（工具造型需對應釦面的孔造型）垂直放上，工具尖點確實卡進腳洞中，多次輕敲卡緊。

四、多樣的皮雕：汽車鑰匙包

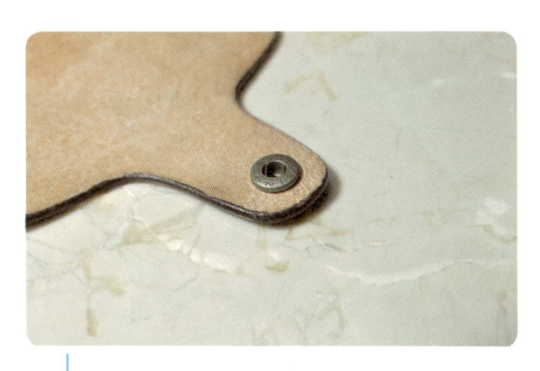

70 | 敲合完成。

71 | 皮背面噴濕軟化。

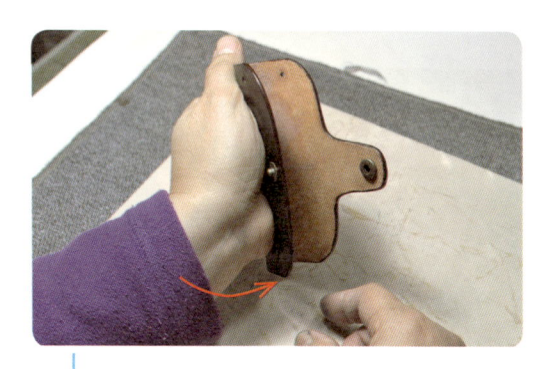

72 | 利用手掌壓皮塑型。

73 | 套入螺絲釦，再套入汽車鑰匙。

74 | 套入皮孔轉緊螺絲。

75 | 完成。

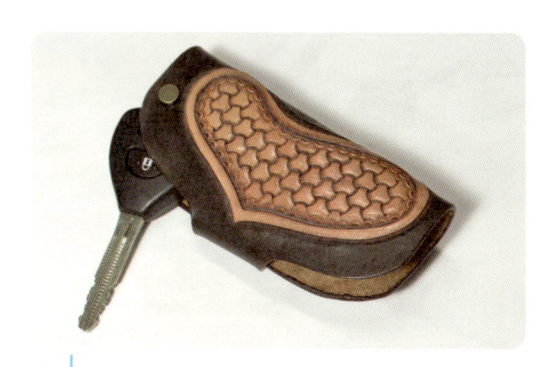

76 | 獨特的汽車鑰匙包。

77 | 延伸玩法：手縫鑰匙包。

更多教學影片
https://reurl.cc/pm71Aa

五、有趣的鏤空

聖誕樹吊燈

說明：

透過鏤空的技巧，以及電路與皮革的合作，令聖誕樹吊燈能順利地綻放美麗光芒。

延伸玩法：皮片鏤空

需要工具（用具）：

木槌、膠板、大理石、地墊一組。印花工具V407、雙頭描筆、三角尺、沾水海綿、12mm衝鈕器、6mm平凹斬、6mm圓凹斬、線引器、美工刀、毛筆、尼龍刷、木製磨緣器、花斬數支、小碟子、10號丸斬。

材料（耗材）：

2.0mm 植鞣革	一片
1.6mm 長形皮片	1.5x3.5 公分
大橢圓皮片	一片
星星皮片	一個
0.6x40 公分皮條	一條
12mm 四合釦	三組
皮革染料	一罐
含金壓克力染料	一罐
紗布	一捆
水	少許
小燈	一組
6x6 固定釦	一組
6x8 圓釦	一組
5.5mm 銅釦	兩顆
艷色劑	一罐
床面處理劑	一罐

KeyWord：
鏤空應用、電路、皮革切割變化運用、電路與皮

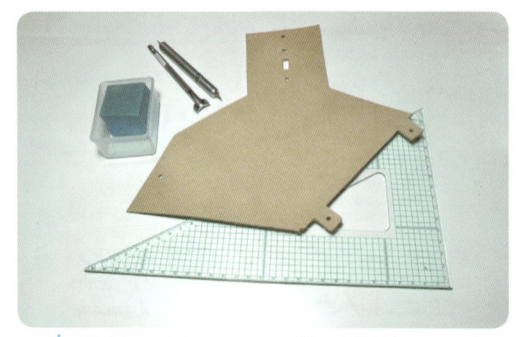

01 | 印花工具 V407、雙頭描筆、三角尺、沾水海綿。

02 | 皮正面以雙頭描筆用尺畫線標註,如下圖紅色虛線記號。

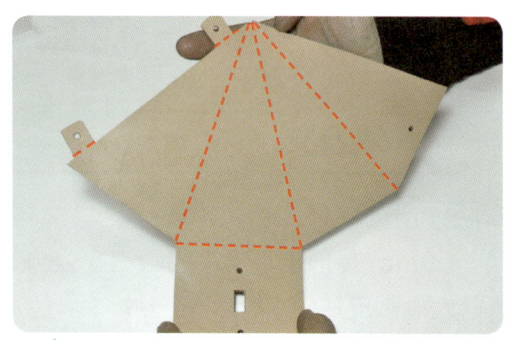

03 | 將每個彎折處做出記號以利等一下敲印花工具的界線。

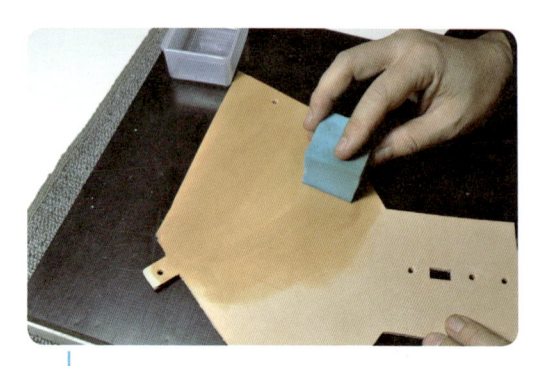

04 | 將皮沾濕。

05 | 利用印花工具 V407 依四個三角形區塊以單邊分左右方向敲出樹紋。

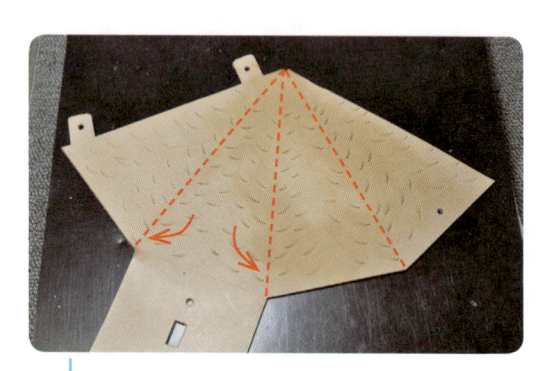

06 | 分別將四個區塊敲出自然的工具紋路。

07 | 取出染料和紗布。

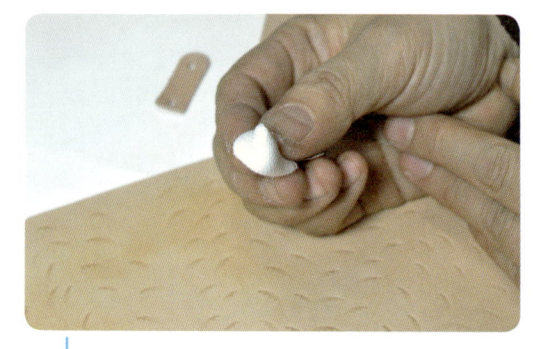

08 | 將紗布折成小球狀。

09 | 沾上染劑。

10 | 將皮擦染上色。

11 | 可以做出不均勻的自然效果。

12 | 取碟子放進含金壓克力染料再加入兩滴水。

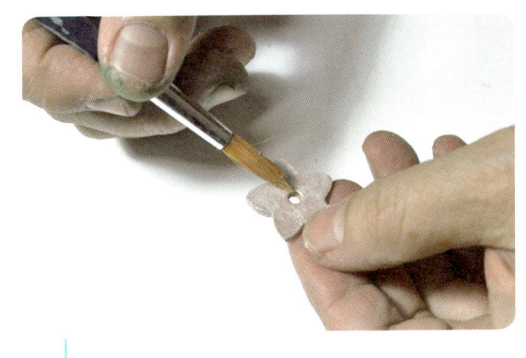

13 | 以毛筆將星星皮片兩面都上出瑩白色。

14 | 皮片正面以艷色劑上好保護劑。

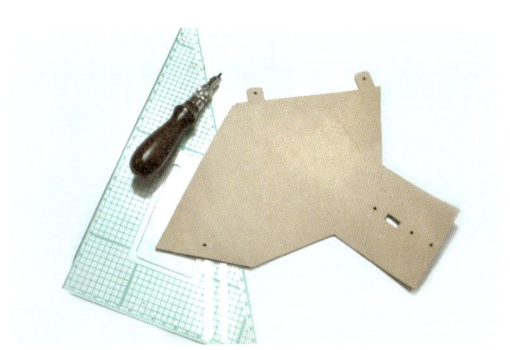

15 | 翻到皮背面，準備線引器和三角尺，需換上直溝器功能的頭施作。

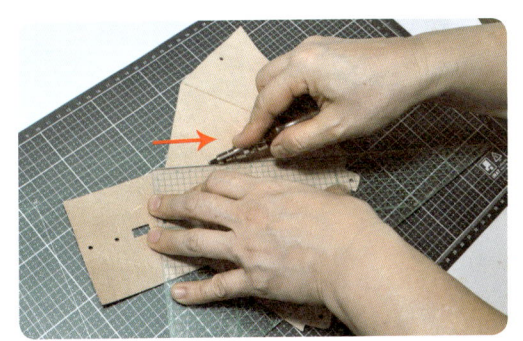

16 | 將線引器靠著尺，依前面畫區隔線位置，拉出溝槽。

五、有趣的鏤空：聖誕樹吊燈

17 | 完成彎折處拉溝。

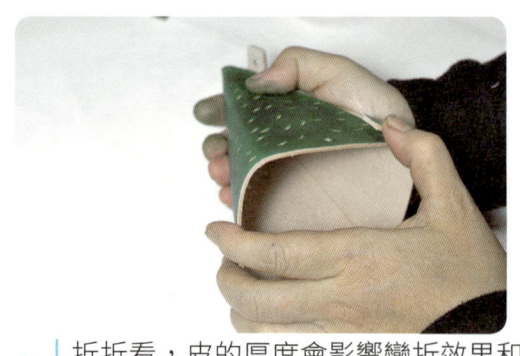

18 | 折折看，皮的厚度會影響彎折效果和拉溝的寬度，彎折處還呈現圓弧狀，直角不明顯的話，需再將背面皮肉面削寬。

19 | 可將彎折處利用大理石膠板角度靠著，再以美工刀輕輕修掉突出的皮肉，這樣當皮平放時，削過的溝槽自然就呈現 V 型。

20 | 圓形溝槽與 V 型溝槽差異。

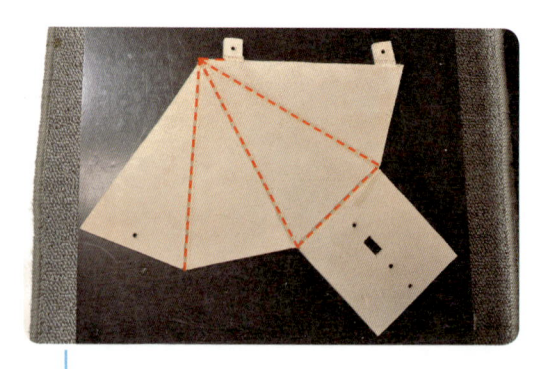

21 | 將每條紅色虛線部分都確實處理過。

22 | 為了讓組裝後的皮平整且挺立，再以背面處理器磨過讓皮更堅挺。

23 | 塗上床面處理劑。

24 | 以木製磨緣器磨過。

25 | 在拉溝位置以木製磨緣器放直壓過。

26 | 連結扣帶也要磨過。

27 | 先彎折對準，做釦子位置記號。

28 | 以 10 號丸斬打洞。

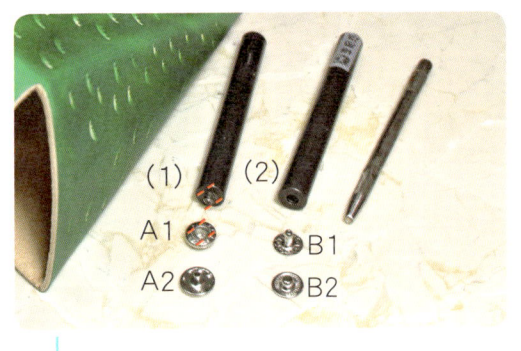

29 | 活動釦（四合釦）組裝和對應工具。

30 | 將 A2 從皮正面套入釦片皮孔後，再將 A1 套上，以工具（1）依虛線對準釦子虛線位置敲打。

31 | 以 B1 放在皮背面套入皮孔，再將 B2 套上，工具（2）垂直，多次輕敲並卡緊。

32 | 下面釦環釦好後，再定位上方釦環位置，注意頂端紅圈處要留縫隙讓皮條可以穿過。

五、有趣的鏤空：聖誕樹吊燈

33 | 丸斬打洞。

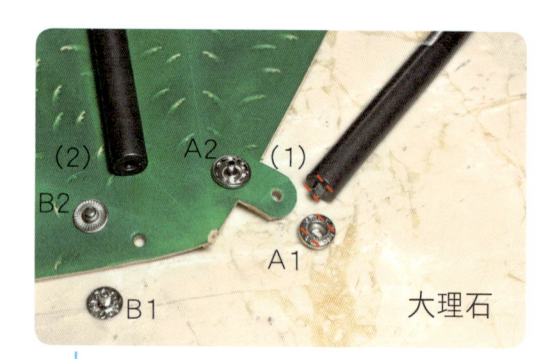

34 | 釦子和對應工具。

35 | 和步驟 30、31 一樣組裝好釦子。

36 | 底部活動釦位置和應對工具。

37 | 依其位置同上面釘釦方式組裝。

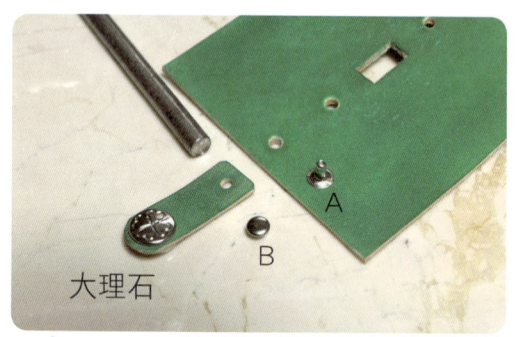

38 | 底部活動釦皮片與底部以固定釦固定，對應位置和工具。

39 | 先將 A 依序套入皮孔再將 B 套上。

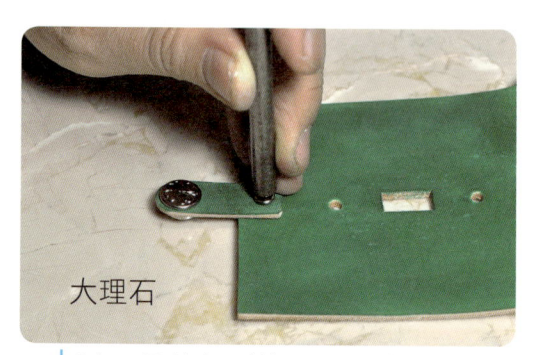

40 | 以工具敲打（這是單面釦所以只要在大理石上敲打，不需座台）。

41	完成皮片固定。
42	吊環和星星皮片，圓釦與工具。
43	先將皮條尾端打個結。
44	拉緊。
45	距離結上約 3 公分處打孔。
46	另一端對位置定位。
47	一樣打孔。
48	將 A 套入兩端皮線的孔，依序放上星星皮片，再將 B 圓釦面套上。

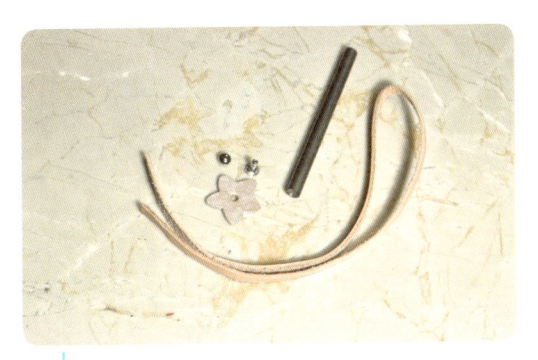

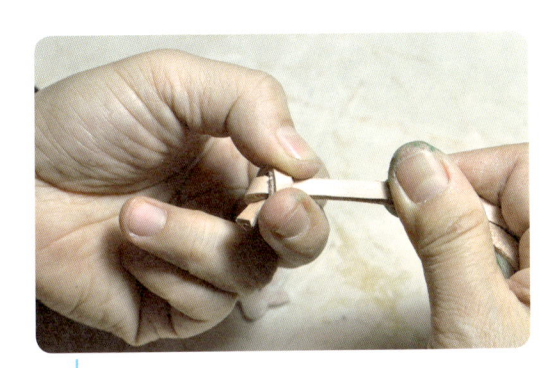

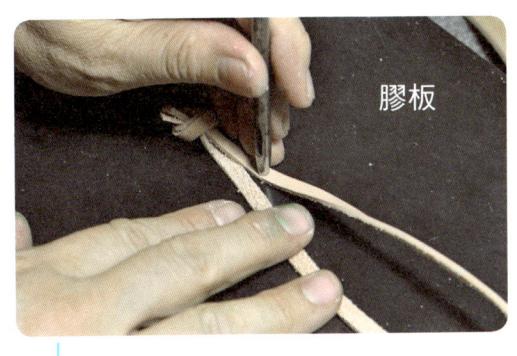

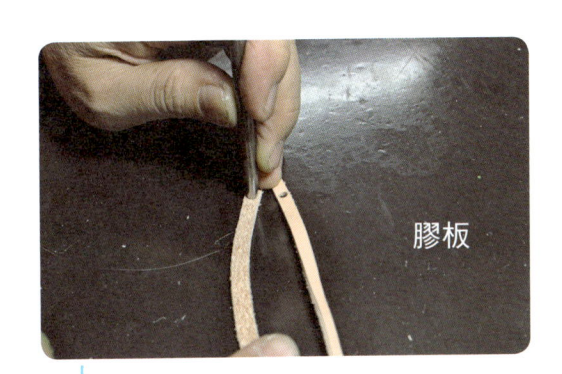

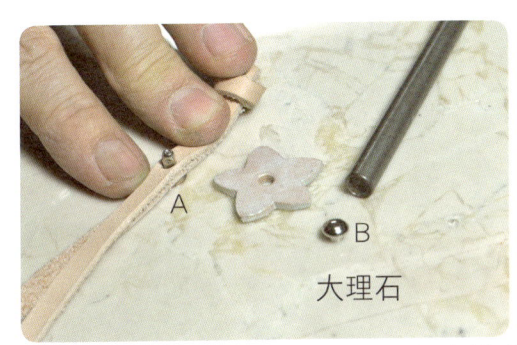

五、有趣的鏤空：聖誕樹吊燈

49 | 以工具敲打組裝。

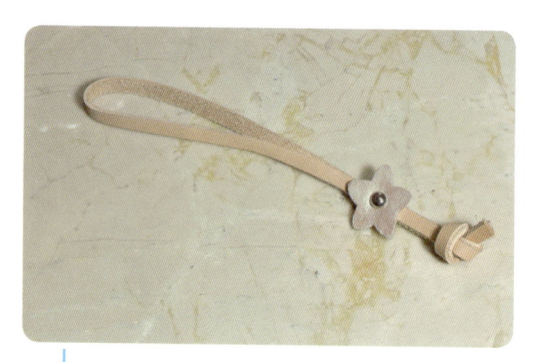

大理石

50 | 完成吊繩。

51 | 使用花斬打出透光孔。

52 | 將皮片放置膠板上，避過彎折處四個區塊分別隨喜好打上數個花斬孔。

53 | 完成。

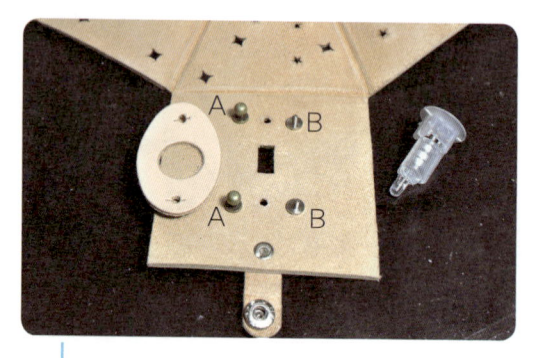

54 | 裝燈座固定。

55 | 2個B釦底分別套入孔中再放上A釦轉緊。

56 | 套入燈座，再套上皮片，並且將皮片套在螺絲釘上。

五、有趣的鏤空：聖誕樹吊燈

57 | 即完成固定燈座。

59 | 完成聖誕樹吊燈。

58 | 套入星星吊繩，再將四合釦釦上。

60 | 延伸玩法：聖誕樹皮片—鏤空運用。

更多教學影片
https://reurl.cc/pm71Aa

實作題

聖誕樹吊燈

試著改變鏤空的圖案,製作出帶有自己特色的聖誕樹吊燈。

請參考主題 02 實作一五、有趣的鏤空:聖誕樹吊燈。

創客能力指標

外　形:2
電　控:1
機　構:0
程　式:0
通　訊:0
創客指數:3

MLC 認證編號:B005001

時間 180mins

六、變色皮真美

三角鉛筆盒

說明：

運用塗抹牛腳油來體會不同的質感，深入另一層次的皮件，同步學習極為實用的立體組裝。

延伸玩法：公事包

需要工具（用具）：

木槌、膠板、大理石、地墊、尼龍刷、木製磨緣器、研磨棒、上膠片、美工刀、三角尺、手縫針、修邊器、2mm 工具夾、滾輪、間距規、直菱鑽、4mm 菱斬、10mm 衝鈕器、#10 丸斬、鉛筆、剪刀、噴水器、打火機。

材料（耗材）：

1.6mm 植鞣革	三片
0.8-1.2mm 植鞣革	兩片
0.8mm 植鞣革	一片
3 號拉鍊	一條
10mm 四合釦	一組
牛腳油	一罐
皮革床面處理劑	一罐
皮革手縫線中細	一份
強力膠	一條
廣告紙	數張

建議課程時間：6～8 小時。

KeyWord：
變色油運用、菱斬使用、立體組裝

01 | 將皮片正面刷上牛腳油，塗越多次皮革顏色變越深。

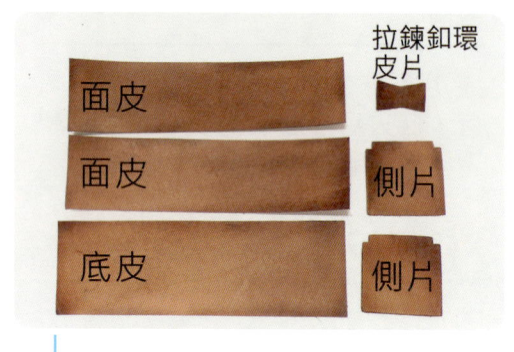

02 | 待乾後再進行下一步驟。

（面皮、面皮、底皮、拉鍊釦環皮片、側片、側片）

03 | 準備床面處理劑、尼龍刷、木製磨緣器來處理皮片背面。

04 | 以尼龍刷沾取床面處理劑，再平塗於皮革背面。

05 | 利用木製磨緣器來回磨滑皮面。

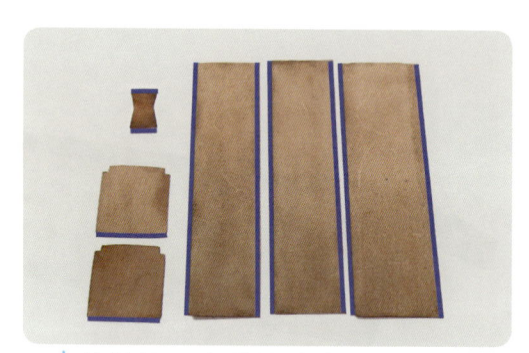

06 | 藍線標示處做邊緣處理（請依照第51頁 39～48 步驟施作）。

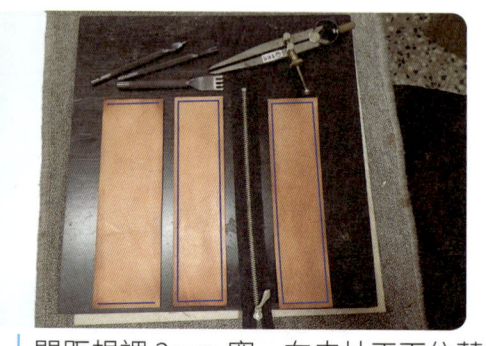

07 | 間距規調 3mm 寬，在皮片正面依藍線標示押上記號。

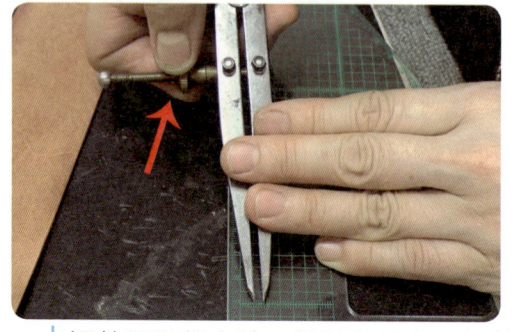

08 | 調整間距規方法：放於量尺上，旋轉箭頭處螺絲即可調整寬度大小。

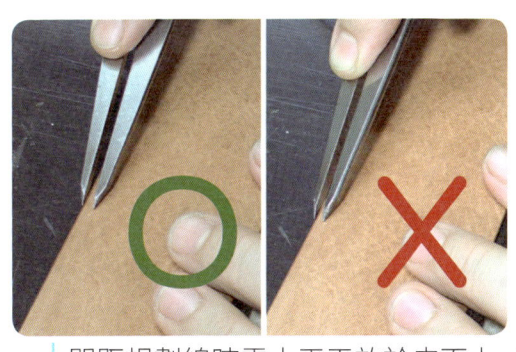

09 | 間距規劃線時需水平平放於皮面上（如左圖），右圖的傾斜角度為錯誤方式。

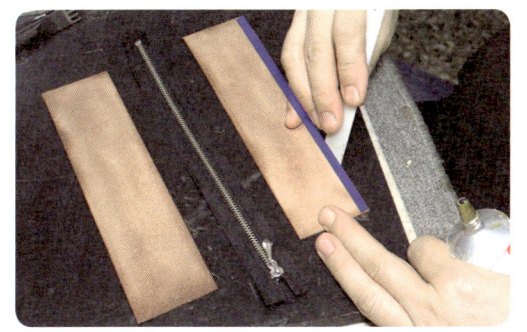

10 | 取面皮一片，在背面將標示藍線的位置（約 5mm 寬）以美工刀刮粗，再上強力膠。

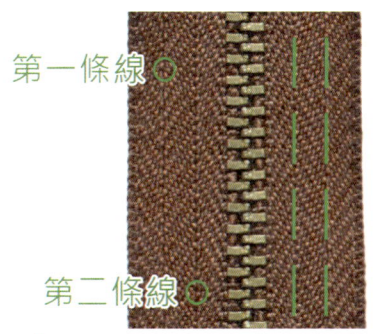

11 | 拉鍊布上有兩條明顯的織線，將 3 號拉鍊上膠至第二條線。

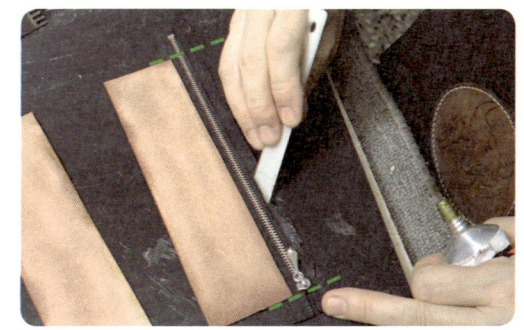

第一條線
第二條線

12 | 將面皮起頭對齊拉鍊頭，以定位拉鍊布的強力膠範圍，對此處進行塗膠。

13 | 從拉鍊頭開始對齊，貼好皮片。

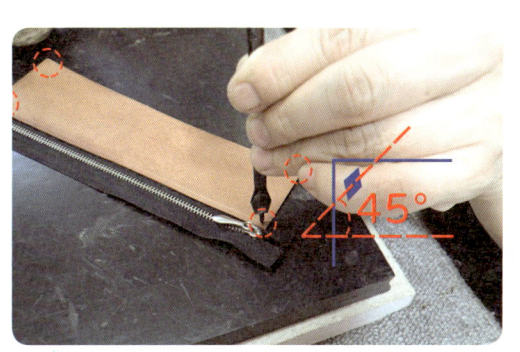

14 | 將皮面四處直角位置（紅圈處）用單斬以 45 度角打孔定位。

15 | 對準直角孔，以菱斬輕壓出孔位記號。

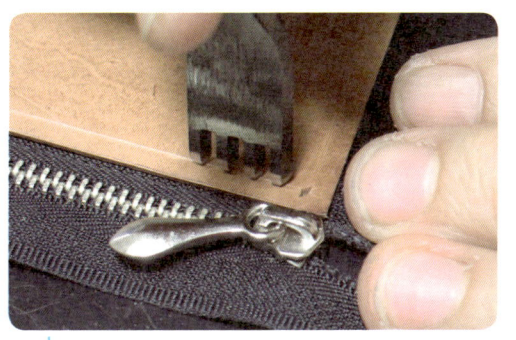

16 | 直角孔不打洞，從孔位記號第一孔開始打菱斬。

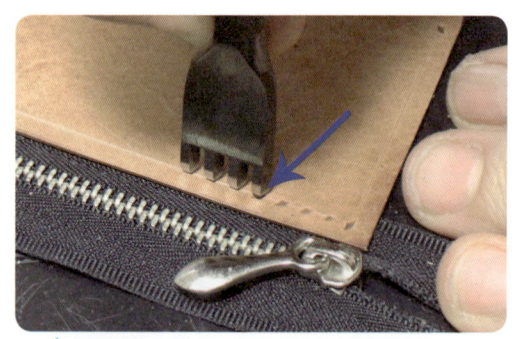

17 | 讓孔距一致的方法：四斬第一孔壓在上一次第四孔處打菱斬。

18 | 為避免留下的最後一孔孔距過大或過小，最後幾孔先不直接打。

19 | 以尾端直角孔為起頭，測量未打孔的空間是否剛好夠四斬打孔的距離，如空間小可換成單斬或雙斬施打。

20 | 紅圈直角處為求整齊美觀，前幾洞間距皆須符合菱斬工具的兩洞間距，後方藍圈處兩洞間距就可以視剩餘空間調大或變小。

21 | 量好可打菱斬的距離後，從直角洞方向往內打洞。

22 | 將四邊菱斬洞皆打洞完成，縫合後再將另一片面皮以相同方式貼合打洞。

23 | 取較拉鍊邊長約 3.5～4 倍的蠟線，先將此邊縫好。

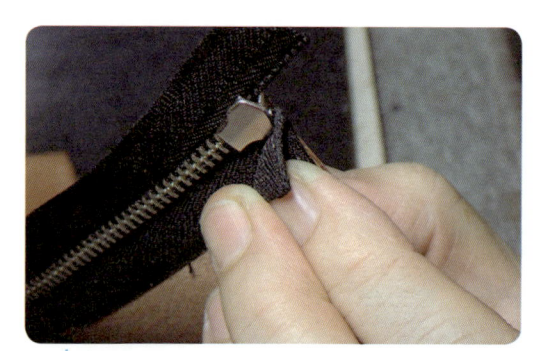

24 | 將拉鍊布反折成三角形，才能將拉鍊布頭藏在皮革後。

25 | 開頭兩針須穿過拉鍊布固定。

29 | 線1接著穿入最後一洞。

26 | 接下來以「名片零錢包」單元之縫線教學步驟（第70頁～第72頁）接著縫線。

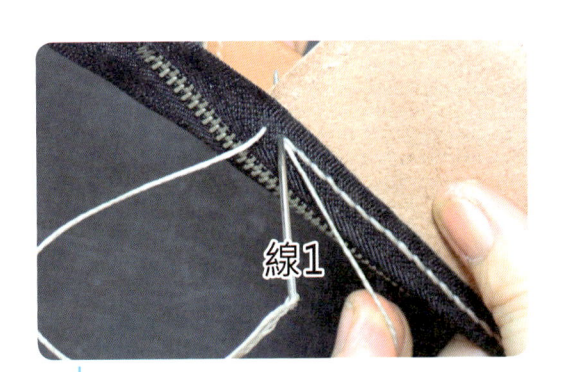

30 | 再將線1穿回倒數第二洞。

27 | 縫至剩2孔時開始收尾，將線2穿入倒數第二洞。

31 | 最後將線1穿入倒數第三洞，完成收尾。

28 | 線1穿過倒數第二洞。

32 | 將縫線剪到約0.1～0.2cm。

六、變色皮真美：三角鉛筆盒

33 | 以打火機燒尾線，完成縫製拉鍊。可稍彎皮片，避免燒到皮革或拉鍊。

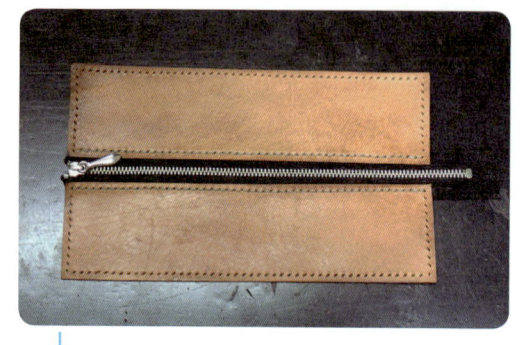

34 | 兩面皮的拉鍊邊皆縫合完成。

35 | 間距規調 0.8cm 寬，在底皮正面、面皮背面押上縫線記號。

36 | 記號處刮粗後上強力膠，待強力膠不黏手時貼合。

37 | 從頭尾兩端先貼起。

38 | 兩邊先貼齊，中間部位最後貼。

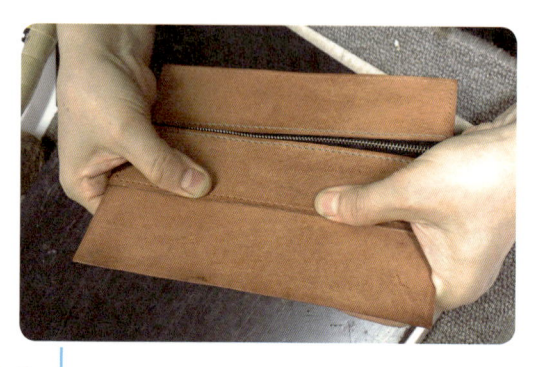

39 | 再貼緊中間部位。

40 | 以滾輪壓緊貼合處。

41 | 依原菱斬洞再打一次菱斬（要讓下方皮片也有打到洞）。

42 | 縫好貼合邊。

43 | 於拉鍊布尾端的背面上強力膠。

44 | 將兩邊對折至中心線收合。

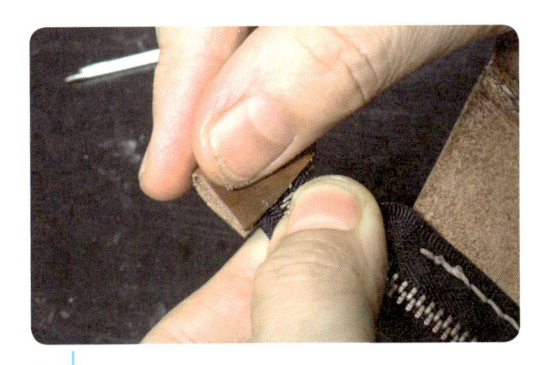

45 | 於拉鍊釦環的皮片上強力膠。

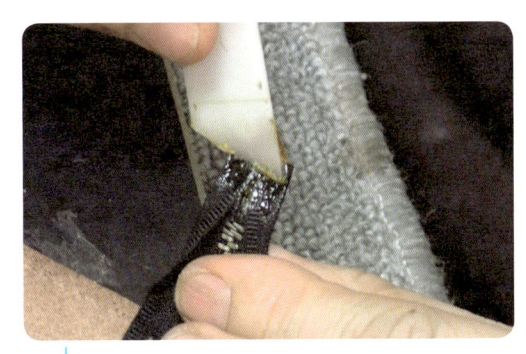

46 | 拉鍊布尾端兩面皆上好強力膠。

47 | 皮片中心對準拉鍊貼合。

48 | 上下兩邊對齊，壓緊貼合。

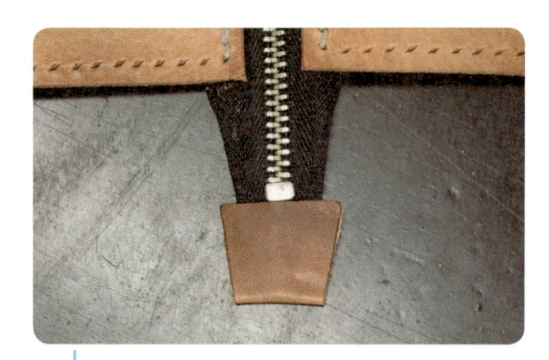

49 | 貼合完成。

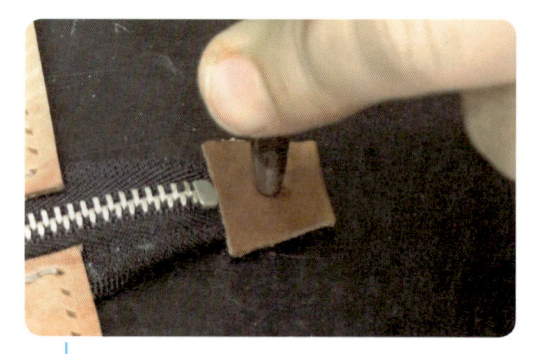

50 | 取 #10 丸斬於中心點打洞。

51 | 間距規調 0.3cm 寬，依藍線標示押上縫線記號。

52 | 取一側片於中心點做記號。

53 | 一樣以 #10 丸斬在記號處打洞。

54 | 準備 10mm 四合釦、10mm 衝鈕器來施作安裝。

55 | 置於大理石上，依四合釦安裝方式打好釦子。

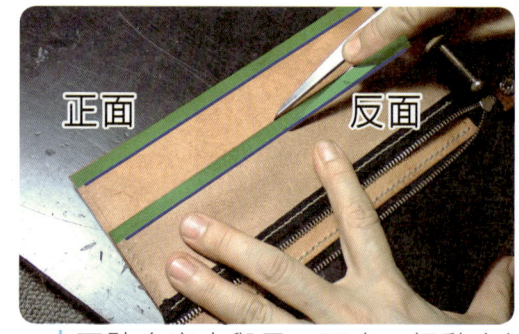

56 | 再貼合底皮與另一面皮，相黏皮片正面、反面，用間距規調 0.8cm 寬，依藍線標示畫線。以美工刀刮粗綠色區塊，待下面步驟的菱斬打完後再上強力膠貼合。

57 | 底皮從縫好線的貼合處開始打菱斬。

58 | 最後一洞需在 0.8cm 的線旁，因為是貼合處，所以不可打在線上。

59 | 一樣從兩側起頭貼起。

60 | 兩側皆要對齊邊，先將其貼好。

61 | 最後再貼合中間部位。

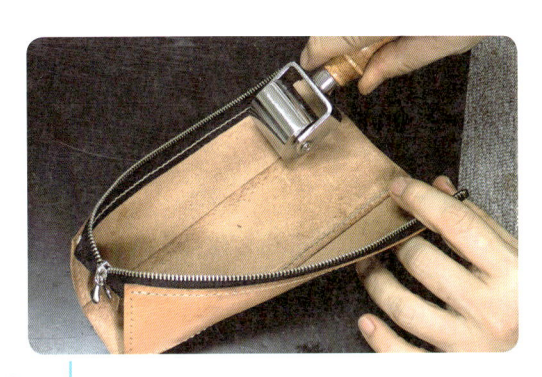

62 | 以滾輪壓緊貼合邊。

63 | 貼合邊依原菱斬洞再打一次洞，可靠在膠板邊角施打。

64 | 菱斬不方便打孔時，可以用直菱鑽穿出下方皮片孔洞。

六、變色皮真美：三角鉛筆盒

65 | 將此貼合邊與拉鍊釦環皮片的縫線皆縫好。

66 | 將皮片背面噴濕,預備塑型。

67 | 以手壓出邊線造型。

68 | 取兩側片,背面皆噴濕。

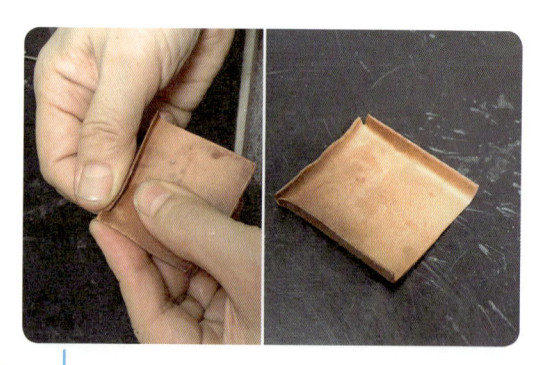

69 | 將三邊皆塑型完成。

70 | 放置底皮,先對準中心處,測量出面皮邊要貼至哪個高度,然後在相貼兩面皆刮粗上強力膠。

71 | 一樣先從中心貼好,此邊空間小,可用菱斬柄壓緊貼合處。

72 | 再從下往上貼好兩側邊,以菱斬柄壓緊貼合處。

73 | 完成側片組裝與貼合。

74 | 使用 2mm 工具夾,依原菱斬洞夾出側片孔洞。

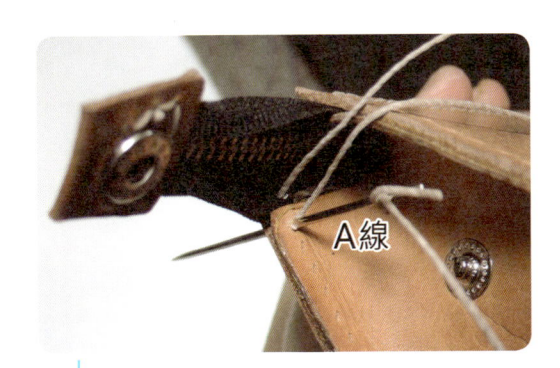

75 | 縫製側片,取比邊長 4～5 倍的蠟線,起頭第一洞 A 線須穿過拉鍊布。

76 | A 線再穿入第二洞。

77 | 將 A 線穿進第一洞回針完成後,接下來便以「名片零錢包」單元之縫線教學步驟(第 70 頁～第 72 頁)接著縫線。

78 | 縫製後再將兩側片邊做邊緣處理(依照第 51 頁 39～48 步驟施作),即完成三角鉛筆盒作品。

79 | 延伸玩法:公事包

三角鉛筆盒教學影片
https://reurl.cc/Xeo1xa

六、變色皮真美:三角鉛筆盒

七、拉鍊美美裝

拉鍊零錢包

說明：

運用先前製作的經驗，結合多種進階技巧，製作出屬於自己風格的理想拉鍊零錢包。

延伸玩法：拉鍊長夾

需要工具（用具）：

木槌、膠板、大理石、地墊一組、尼龍刷、木製磨緣器、研磨棒、上膠片、美工刀、沾水海綿、三角尺、手縫線、修邊器、2mm 工具夾、滾輪、間距規、小圓錐、4mm 菱斬、鉛筆、剪刀、噴水器、打火機。

材料（耗材）：

1.8mm 植鞣革	一片
0.8mm 植鞣革	一片
0.8mm 植鞣革側片	兩片
3 號拉鍊	一條
紗布	一捆
皮革酒精性染料	一罐
皮革定色保護劑（水性艷色劑或特級仕上劑）	一罐
皮革床面處理劑	一罐
皮革手縫線中細、極細線	各一份
強力膠	一條
廣告紙	數張

建議課程時間：8～10 小時。

KeyWord：
圓弧拉鍊組合、暗袋分隔應用、厚度組合處理、菱斬使用

七、拉鍊美美裝：拉鍊零錢包

01 | 準備外皮及欲使用的印花工具。

02 | 將皮面噴濕，先以印花工具輕壓定位，方便確定敲打位置。

03 | 依定位痕跡敲打完成。

04 | 完成圖案裝飾。

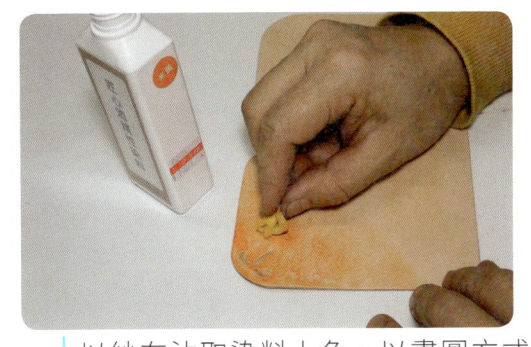

05 | 以紗布沾取染料上色，以畫圓方式上色。

06 | 染色完成。

07 | 以紗布沾取皮革定色保護劑，平塗於染色皮面。

08 | 以尼龍刷沾取床面處理劑，再平塗於皮革背面。

09 | 利用木製磨緣器來回磨滑皮面。

10 | 紅線標示處做邊緣處理。

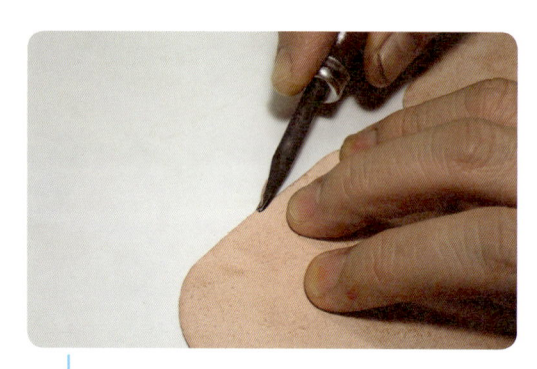

11 | 以修邊器修掉皮革邊緣的銳角。

12 | 參照第 52 頁，依 42、43、44 步驟修磨皮邊。

13 | 再塗上研磨片磨過的邊緣。

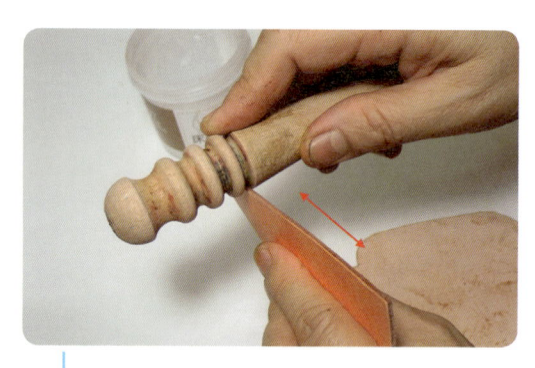

14 | 以木製磨緣器凹槽，施力來回磨滑。

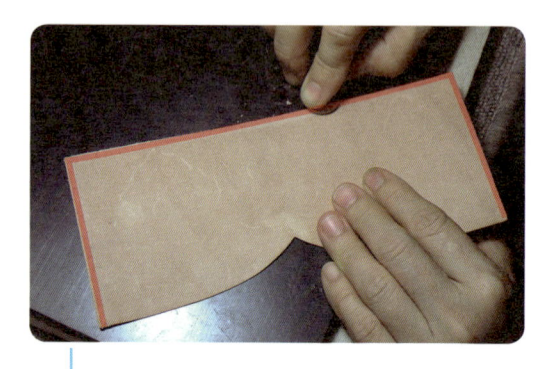

15 | 依紅線標示位置，以研磨片刮粗。

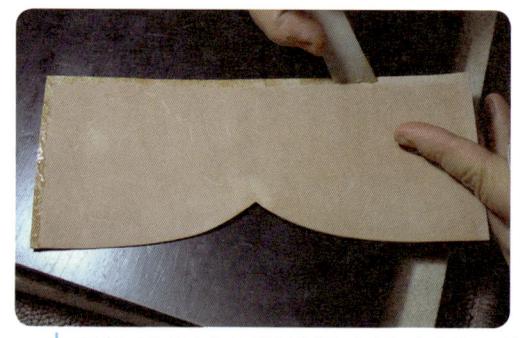

16 | 刮粗部分以上膠片塗上強力膠，待強力膠不黏手時再貼合。

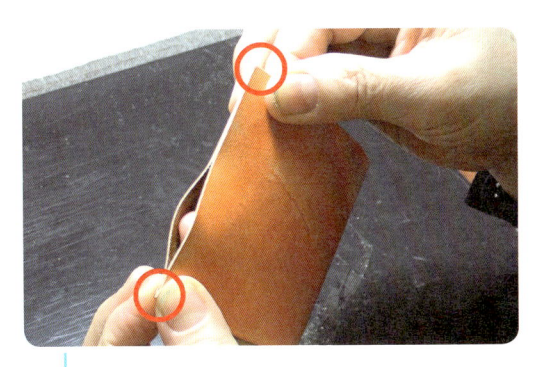

17 | 先從兩側起點處對齊，黏貼後壓緊。

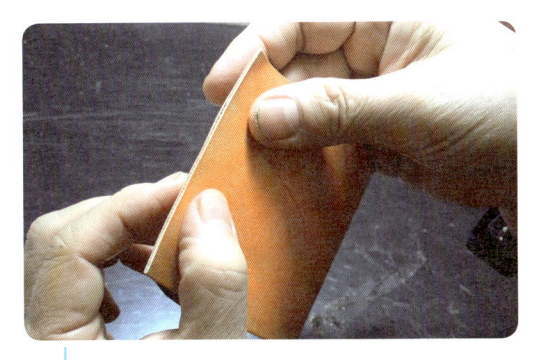

18 | 再對齊邊線，往中心貼緊。

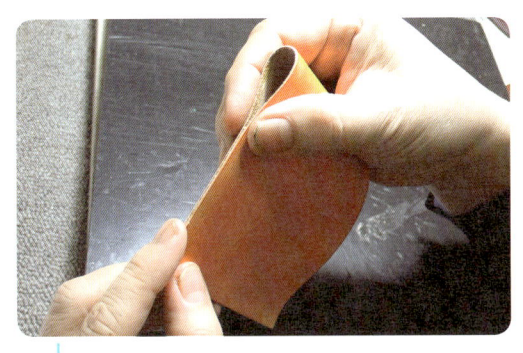

19 | 內袋底部亦貼合壓緊。

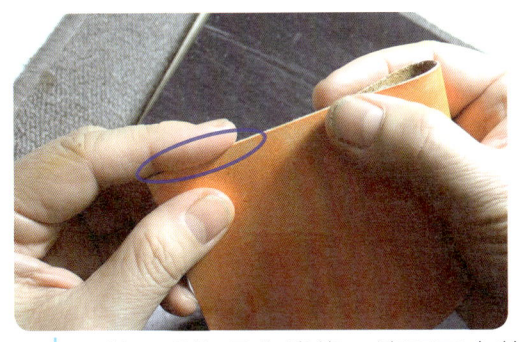

20 | 可利用手指頂住邊緣，讓兩面皮革貼合位置對齊。

21 | 再以滾輪壓緊貼合處。

22 | 間距規調0.3cm寬，在內袋底部押上縫線記號。

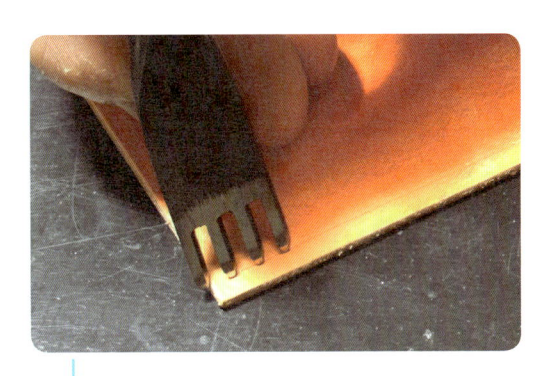

23 | 以菱斬輕壓出孔位記號。

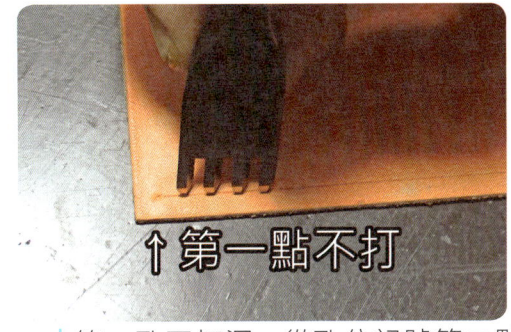

↑第一點不打

24 | 第一孔不打洞，從孔位記號第二點開始打菱斬。讓孔距一致的方法請看P.123第40步驟。

25 | 完成底部菱斬打洞。

26 | 接著用極細線或細線縫合完成。

27 | 參照第 52 頁，依 42、43、44 步驟修磨皮邊。

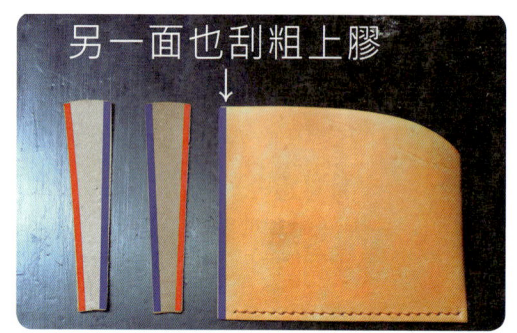

28 | 將藍線標誌位置刮粗並上強力膠，內袋另一面標線處也要刮粗與上膠；紅線標誌位置則刮粗備用。

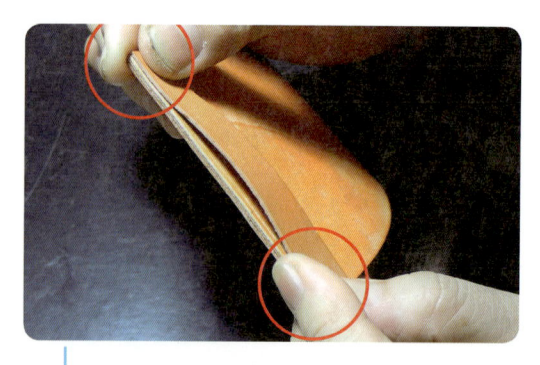

29 | 一樣從兩側起點處先貼，再往中間貼。

30 | 以滾輪確實壓緊貼合處。

31 | 間距規調 0.3cm 寬，在一面側邊押上縫線記號。

32 | 以菱斬輕壓出孔位記號。

七、拉鍊美美裝：拉鍊零錢包

33 | 從孔位記號第一孔開始打菱斬，完成菱斬打洞。

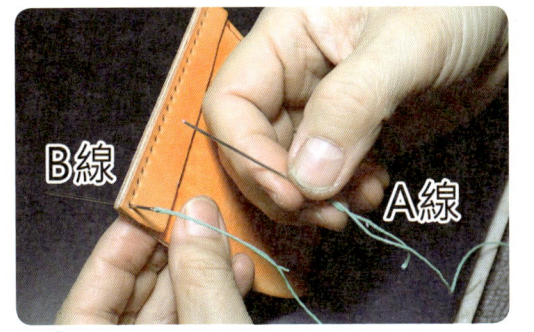

34 | 從袋口處開始縫線，起頭須回針固定，B針先穿過第一洞。

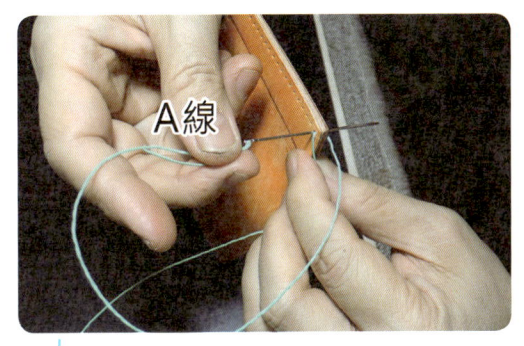

35 | 以A針反向穿過第一洞。

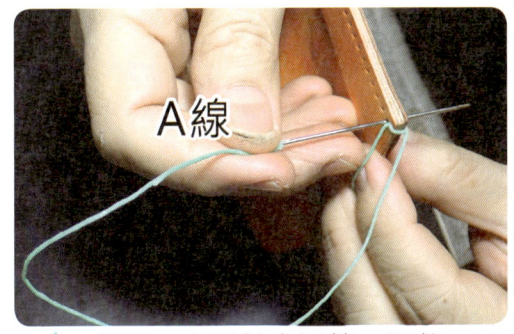

36 | A針再一次回針穿過第一洞後，以「名片零錢包」單元之縫線教學步驟（第68～72頁）接著縫線。

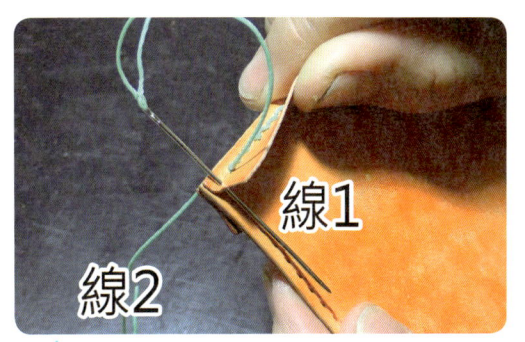

37 | 縫至剩一洞時開始收尾，將線1穿入同向側片內。

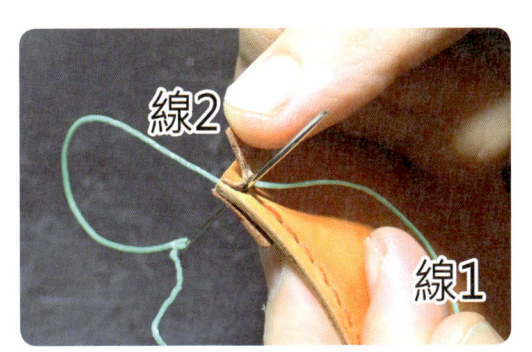

38 | 再將線2穿過最後一洞，一樣要穿至側片內。

39 | 將縫線剪到約0.1～0.2cm。

40 | 再以打火機燒掉線尾，注意不要燒到皮面，趁線尾融化時利用打火機底部壓平。

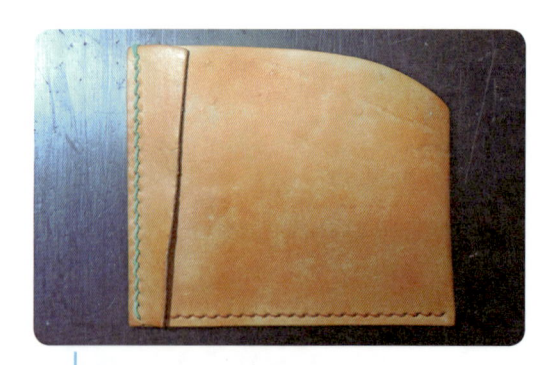

41 | 完成內袋與兩側片的縫製。

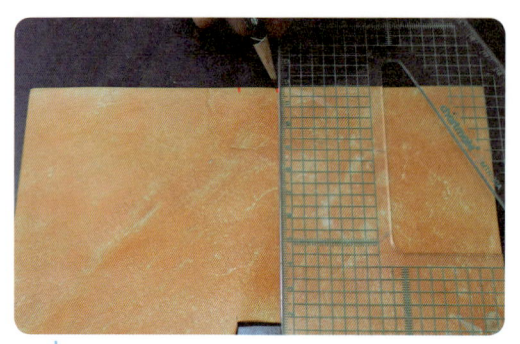

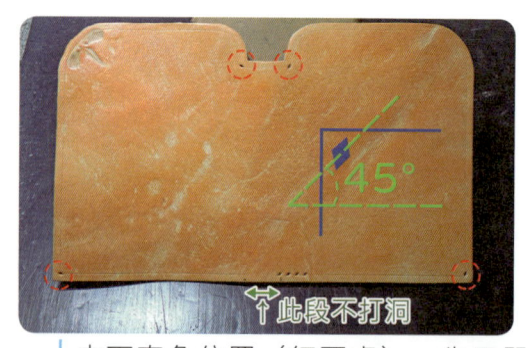

45 | 皮面直角位置（紅圈處），先用單斬以45度角打孔定位。
↑此段不打洞

42 | 用尺垂直對準，在皮面畫出縫線定點（兩紅線處）。

46 | 再依畫線位置打完菱斬。

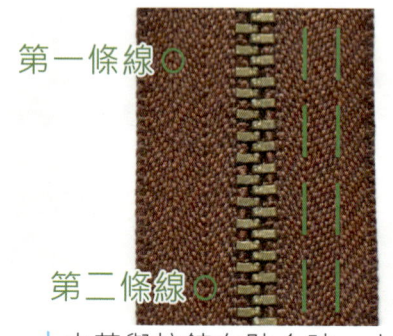

43 | 間距規調0.3cm寬，依紅線押上縫線記號。

第一條線
第二條線

47 | 皮革與拉鍊布貼合時，上膠需先塗皮再上拉鍊。拉鍊布上有兩條明顯的織線，此作品3號拉鍊上膠至第一條線。

44 | 皮背以間距規調0.5cm寬，依紅線押上拉鍊布貼合記號。

48 | 紅線標誌位置刮粗並上強力膠，藍線標誌位置則刮粗備用。

49 | 從拉鍊底先置中貼上壓緊。

50 | 接著將皮輕輕對準邊線反折。

51 | 將拉鍊布靠緊邊緣弧度。

52 | 依 0.5cm 記號線先貼合直線部位，R 角彎處先不貼合。

53 | 再將拉鍊布靠緊邊緣弧度，貼好最後直線處。

54 | 另一側依上述步驟貼好直線處。

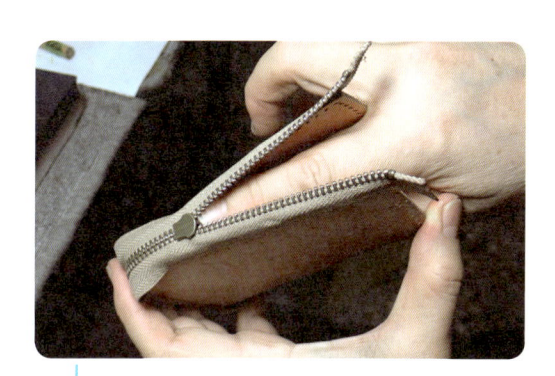

55 | 將拉鍊打開，好方便接下來貼合彎處。

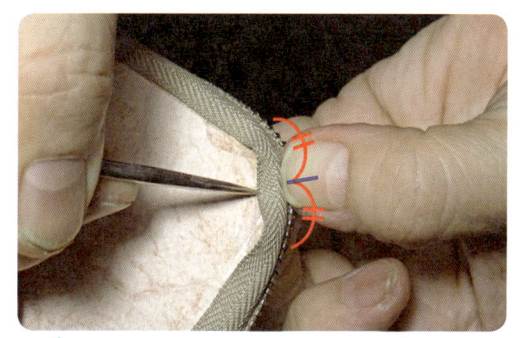

56 | 利用圓鑽尖點，將圓弧部分 1/2 位置的點先押好貼合。

七、拉鍊美美裝：拉鍊零錢包

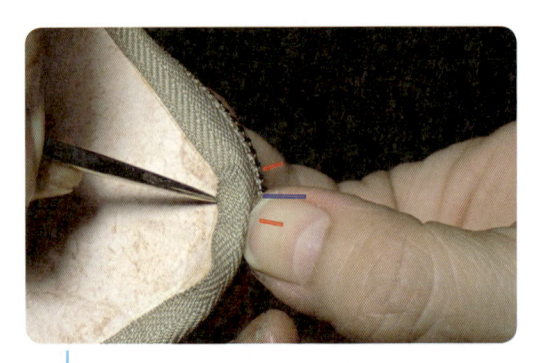

57 | 依序再以 1/2 位置點壓合。

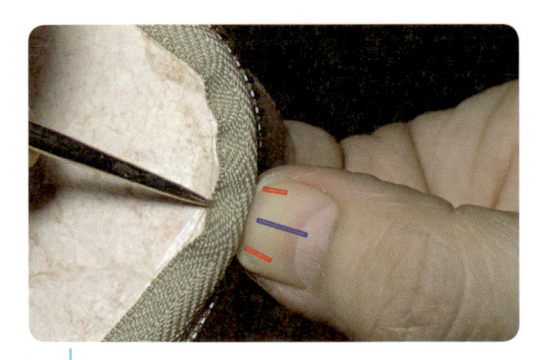

58 | 同樣壓合 1/2 位置點。

59 | 再將剩餘未貼合處以此方式壓合，直到彎處完整貼平。

60 | 就可以貼出漂亮服貼的彎處拉鍊布。

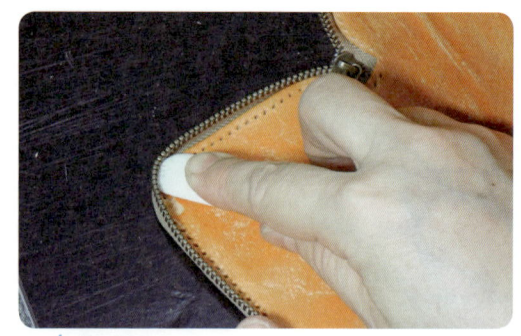

61 | 接著翻到正面，以牛骨刀或菱斬手柄處壓緊貼合處。

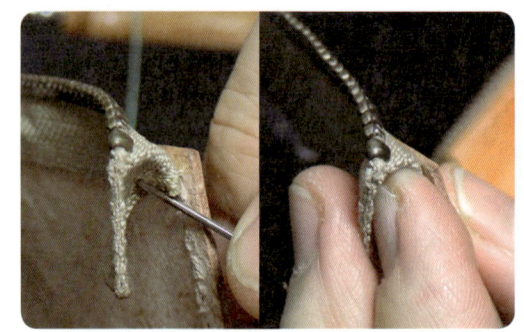

62 | 縫合拉鍊布時，依針的位置用指頭反折下壓，讓拉鍊布成三角形靠緊皮面（如右圖）。

63 | 起針時，須將反折的拉鍊布以針線穿過固定。

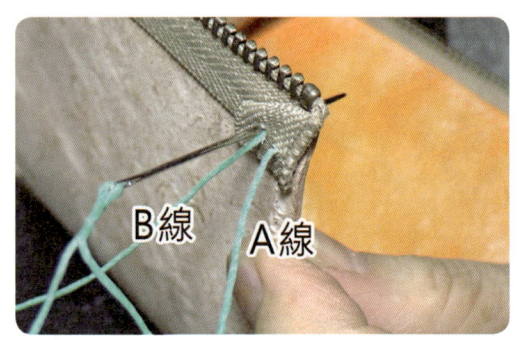

64 | 以「名片零錢包」單元之縫線教學步驟（第 68～72 頁）接著縫線。

65 | 收尾時亦將拉鍊布反折。

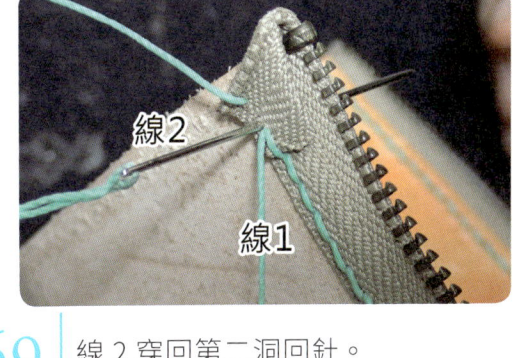

69 | 線 2 穿回第二洞回針。

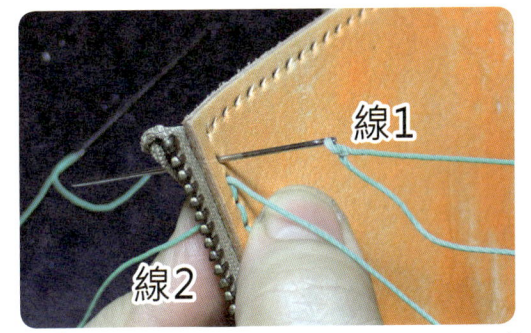

66 | 剩第二洞時，先將線 1 穿過洞及拉鍊布。

70 | 最後線 2 穿入第三洞結束回針。

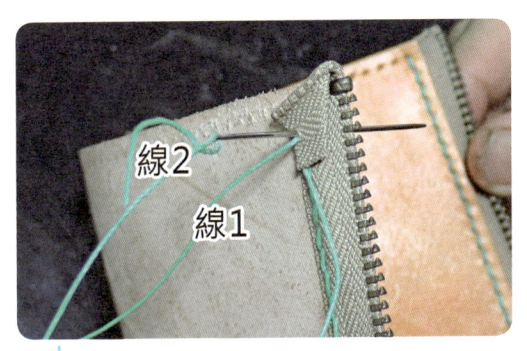

67 | 再將線 2 同樣穿過第二洞。

71 | 將縫線剪到約 0.1～0.2cm，以打火機燒尾線完成縫製拉鍊。

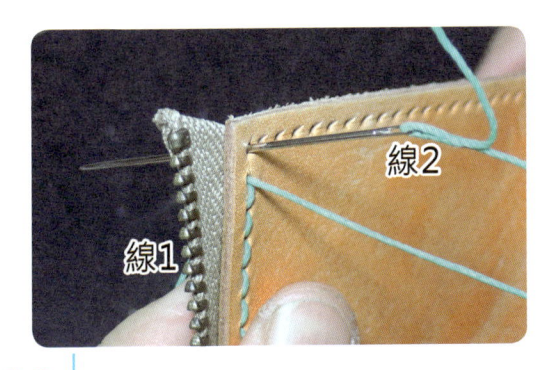

68 | 繼續以線 2 穿過最後一洞及拉鍊布。

72 | 外皮翻回正面。

73 | 將內袋兩側片的背面噴濕。

74 | 將側片塑型壓開,方便稍後貼合縫線。

75 | 下一步驟需將內袋與外皮組合固定。

76 | 相接處兩面皆上好強力膠。

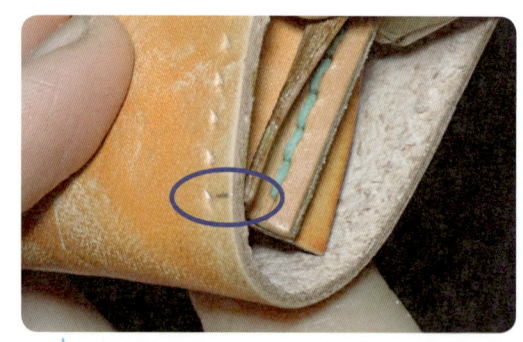

77 | 側片底對準最後一洞的中間位置(藍圈)貼合。

78 | 一樣以指腹頂住,輔助側邊貼平。

79 | 貼合後可以牛骨刀或菱斬手柄處壓合固定。

80 | 照表面菱斬洞,以工具夾夾出側片孔洞。

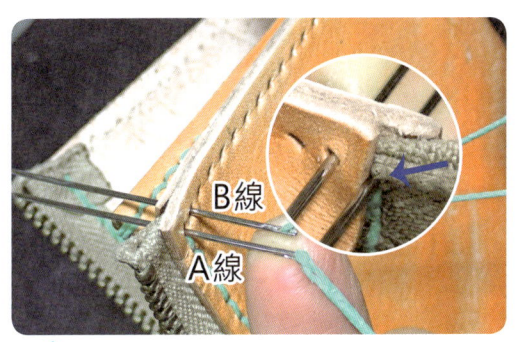

81 | 第一針A線穿出位置需在側片邊線處。

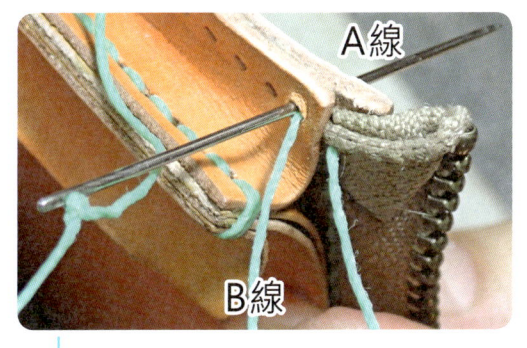

82 | 將A線穿過第二洞。

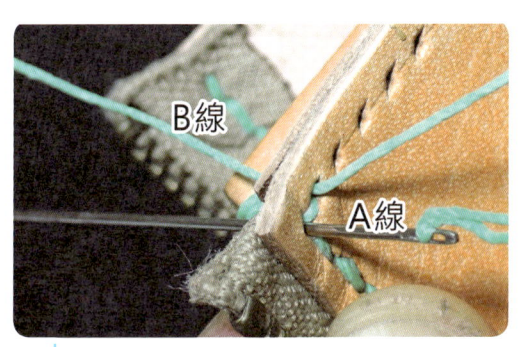

83 | A線再穿回第一洞回針。

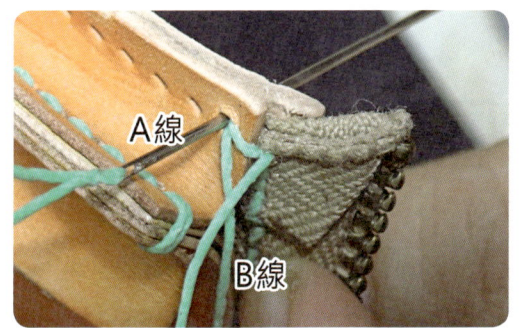

84 | A線再穿入第二洞後，以「名片零錢包」單元之縫線教學步驟（第68～72頁）接著縫線。

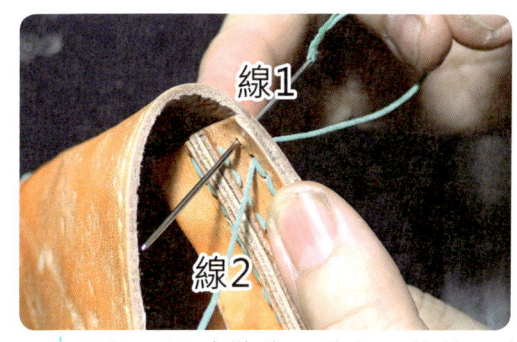

85 | 最後2洞時做收尾動作，將線1穿過第2洞。

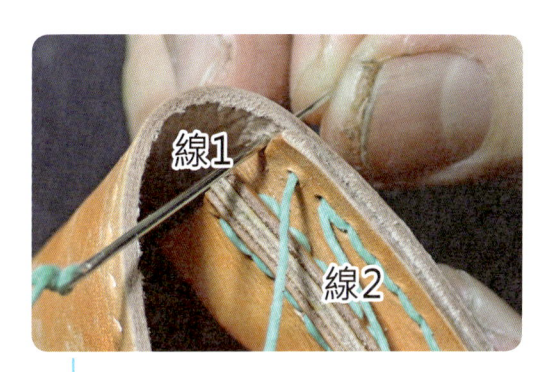

86 | 線1接著穿進最後1洞。

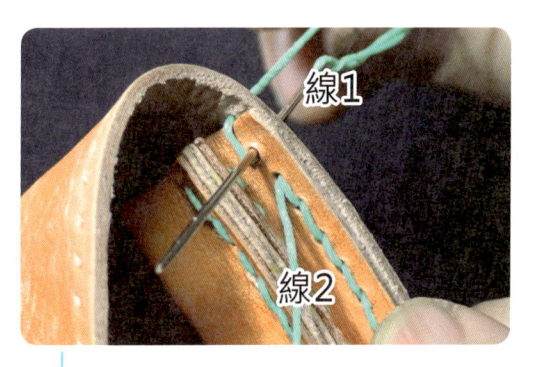

87 | 再以線1穿回第2洞。

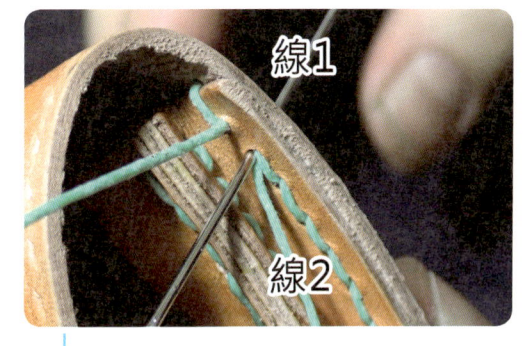

88 | 線1繼續穿過第3洞。

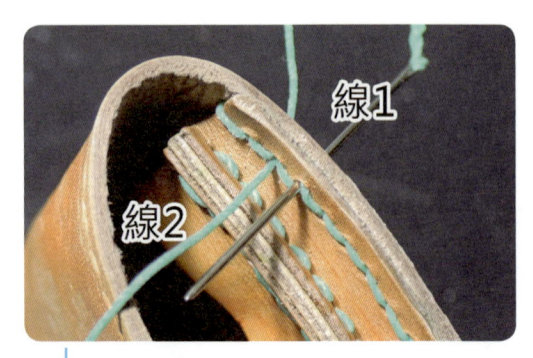

89 | 最後以線1穿進第4洞作結束。

90 | 將縫線剪到約 0.1〜0.2cm。

91 | 可將電烙鐵加熱，壓平收線，另一邊一樣縫合、收線。

92 | 將皮邊做最後的修磨步驟，即可完成組合。

93 | 完成拉鍊零錢包作品。

94 | 延伸玩法：拉鍊長夾。

拉鍊零錢包教學影片
http://reurl.cc/NXMo9p

八、多層次手縫

率性多層短夾

說明：

接觸更多層次的設計，深入更繁複的工序，製作專屬訂製的率性多層短皮夾。

延伸玩法：女用長夾

需要工具（用具）：

木槌、膠板、大理石、地墊一組、尼龍刷、木製磨緣器、研磨棒、上膠片、美工刀、沾水海綿、三角尺、手縫針、修邊器、2mm工具夾、滾輪、間距規、直菱鑽、4mm菱斬、印花工具V407、印花工具C431、剪刀、打火機、鉛筆。

材料（耗材）：

1.6mm 植鞣革	一片
0.8mm 植鞣革	七片
1.4mm 植鞣革（拉鍊袋）	一片
3號拉鍊	一條
紗布	一捆
皮革酒精性染料	一罐
皮革定色保護劑（水性艷色劑或特級仕上劑）	一罐
皮革床面處理劑	一罐
皮革手縫線中細、極細線	各一份
強力膠	一條
廣告紙	數張

建議課程時間：12～15小時。

KeyWord：
多層卡夾組合、拉鍊暗袋縫合、內外不同周長貼合、菱斬使用

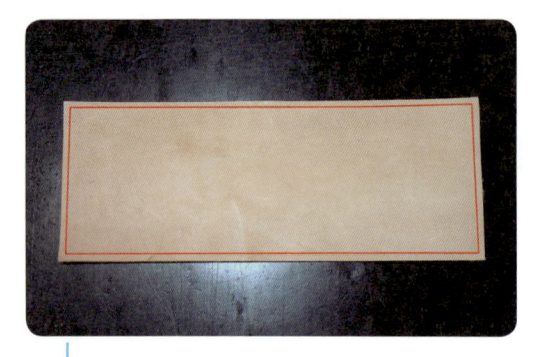

01 | 間距規調出 0.3cm 寬，在 1.6mm 主體皮片正面的四邊畫出邊線。

02 | 如紅色標線。

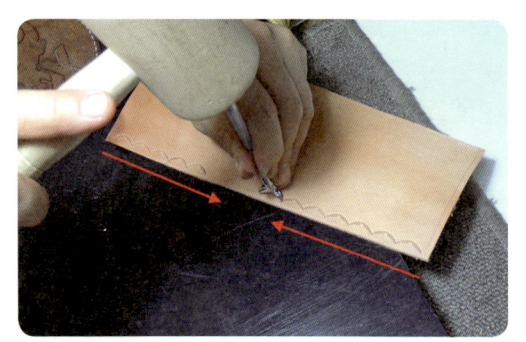

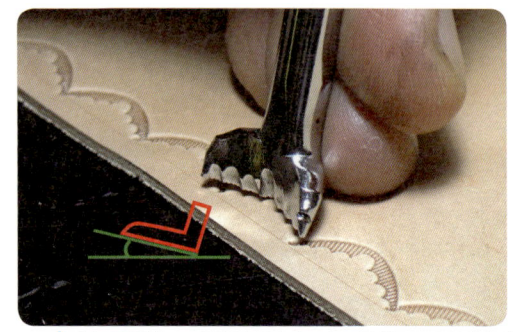

03 | 先將皮以海綿沾濕，再以基本印花工具 V407 敲打；當不確定工具長度與作品長度是否剛好時，可以從兩邊往中心敲打。

04 | 敲至剩一個圖案空白處後，再視空間來利用工具角度調整圖案大小去敲打。

05 | 讓中心位置圖案大小不會影響到整個畫面的平衡。

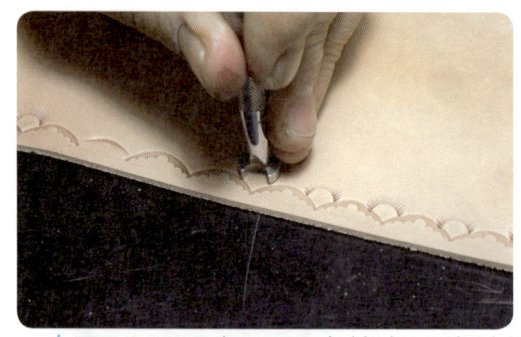

06 | 再以 C431 在 V407 交接處以稍斜角度敲打，這樣會讓圖案有漸漸模糊的層次感。

07 | 在皮面沾濕後敲打印花，可能會因為水份揮發而讓皮變得不平整，這時可利用手指輕輕上下頂，將皮整平。

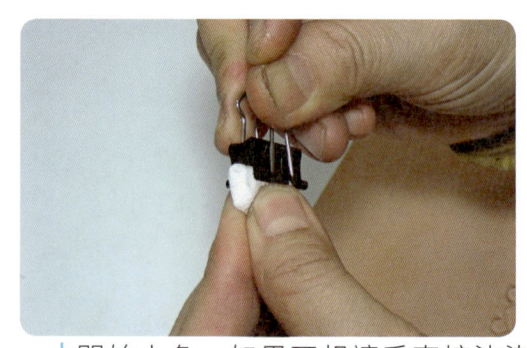

08 | 開始上色，如果不想讓手直接沾染到顏料，可將紗布折好後用長尾夾固定操作。

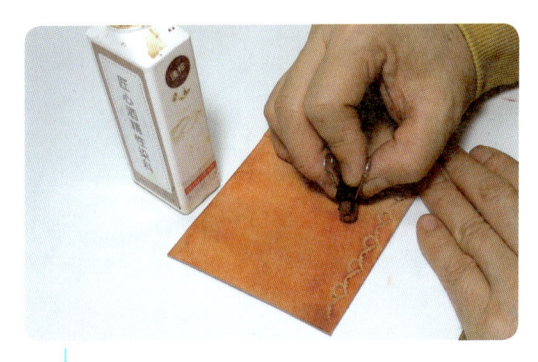

09 | 沾取染料，依畫圈方式上色。

10 | 上色越多次，顏色就越深；將全部皮面都上好顏色。

11 | 以紗布沾取皮革定色保護劑，平塗在每片皮面上。

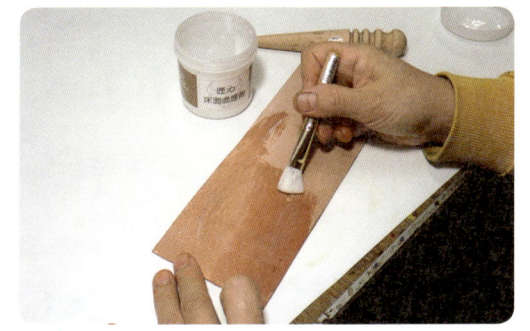

12 | 用筆刷沾取床面處理劑，塗抹在皮革背面。

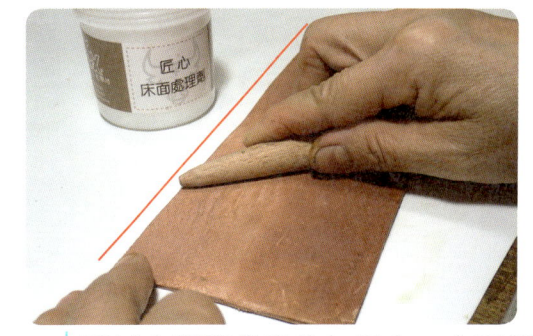

13 | 再以木製磨緣器施加壓力，來回划滾至平滑。

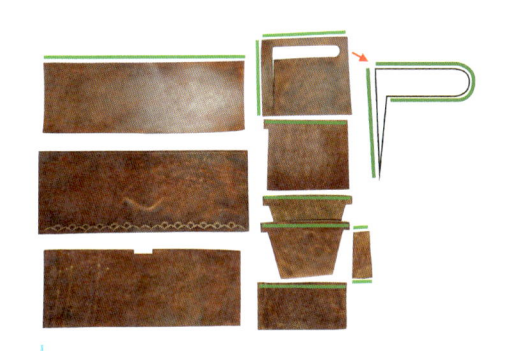

14 | 綠線邊緣做皮邊上色磨緣處理。

15 | 以染料在邊緣上色。

16 | 以磨砂棒來回修磨。

八、多層次手縫：率性多層短夾

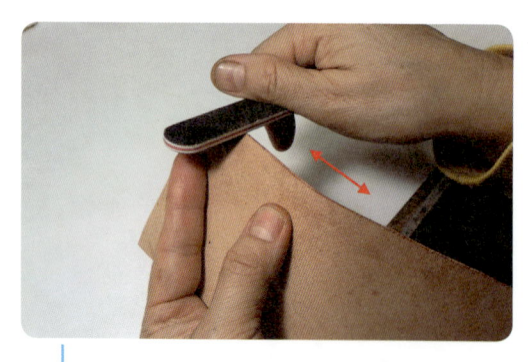

17 | 磨砂棒換個角度磨修銳角的導角邊。

18 | 再於皮面的正面邊以這個角度依箭頭方向往後拉,磨掉捲起的皮邊。

19 | 顏色不均時再塗一次染料。

20 | 以尼龍刷沾取床面處理劑,平塗皮邊。

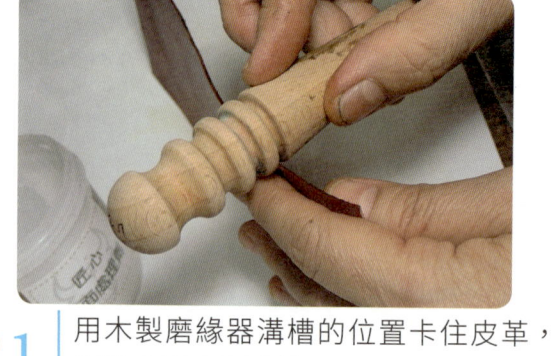

21 | 用木製磨緣器溝槽的位置卡住皮革,用點力道來回磨邊。

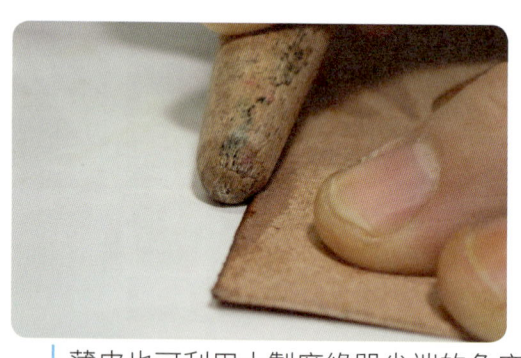

22 | 薄皮也可利用木製磨緣器尖端的角度進行磨邊處理。

23 | 將大小卡片層的皮片依組合位置放好,並做貼合記號(紅線處)。

24 | 將要黏貼的位置以刀刮粗後,雙面皆抹上強力膠。

八、多層次手縫：率性多層短夾

25 | 待強力膠不黏手時，對準開口兩側（藍框處）貼合。

26 | 開口固定不動，貼上黏合處壓緊。

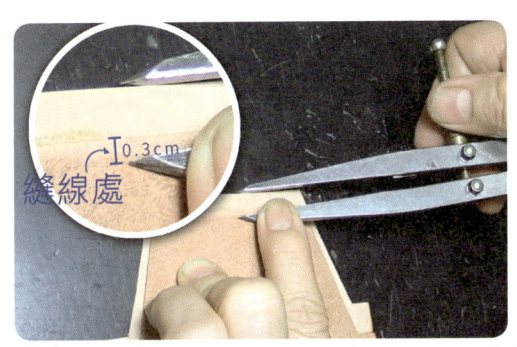

27 | 用間距規從背面量出（邊線到縫線處）間距寬度。

28 | 確定寬度後，再到正面押出縫線位置。

29 | 以四菱斬打洞。

30 | 再用極細線縫線完成。

31 | 間距規調0.3cm，依藍線標示畫出縫線位置。

32 | 彎角處要沿著圓弧慢慢壓出線。

33 | 為了讓縫線與皮邊線弧度一致,先從直角處使用單菱斬,依標示方式以 45 度角方向打孔。

34 | 另一直角位置亦先打洞。

35 | 為避免單斬孔變形,以四斬輕壓在剛剛單斬的起頭位置,先不打洞。

36 | 可以看見留下的菱斬洞壓痕。

37 | 略過單菱斬的洞,依照壓痕位置開始打洞。

38 | 下方開頭處打洞方法與上述步驟相同。

39 | 一樣略過單菱斬孔處。

40 | 讓孔距一致的方法:四斬第一孔壓在上一次的第四孔處,以菱斬打洞。

八、多層次手縫：率性多層短夾

41 | 在圓弧處以雙斬打洞。

42 | 最後幾孔先不打洞，以菱斬輕壓確認空間是否剛好，避免留下一個過大或過小的孔距。

43 | 此處以單菱斬打一洞。

44 | 拉鍊口的孔位打洞完成。

45 | 皮先上強力膠。

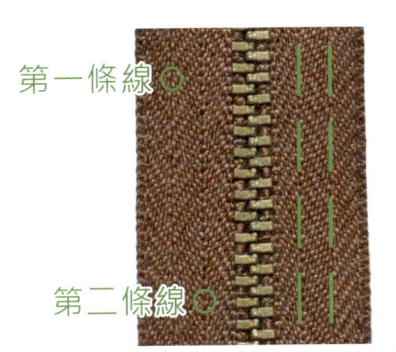

46 | 皮革與拉鍊布貼合時，上膠需先塗皮再上拉鍊。
拉鍊布上會有兩條明顯的織線，此作品為3號拉鍊，上膠至第二條線。

第一條線
第二條線

47 | 依標示位置塗上強力膠。

第二條線

48 | 先對準前端，固定並貼合拉鍊，布上膠後直接貼（布上的強力膠乾後會不黏）。

49 | 貼合後預備縫線。

50 | 為了包覆且固定拉鍊，拉鍊下方的邊線處需加打一孔。

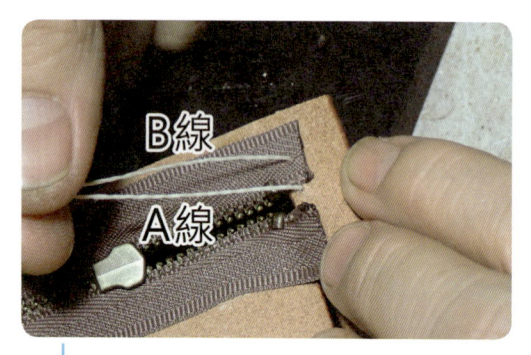

51 | 雙針由正面穿過開頭 2 洞。

52 | 起頭縫線要回針補強，A 線從 B 線孔出來後，再穿回孔 1。

53 | A 線再一次穿過 B 線孔，為回針補強。

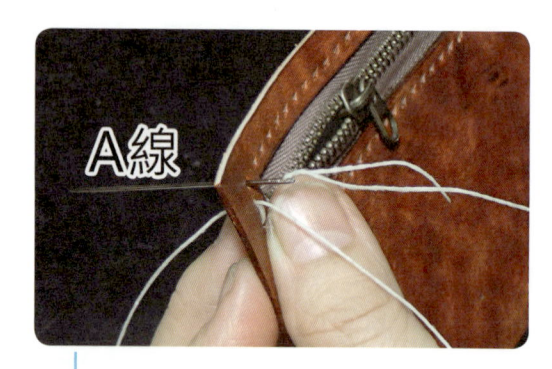

54 | 再以縫線方式縫合。

55 | 最後一個洞時，開始回針收尾。

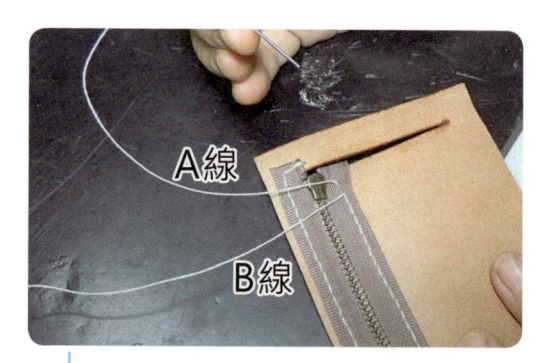

56 | 翻至皮革背面。

57 | 由於此處有拉鍊布頭須返折固定,可利用手指頭壓住底部。

58 | 再將上方反摺成三角形,按著不放。

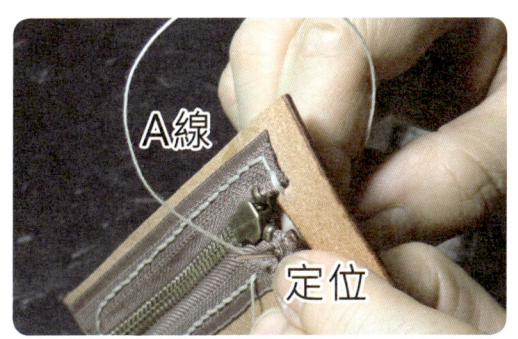

59 | 先將A線從正面孔洞刺洞(用針輔助將孔撐大),拉鍊布定位。

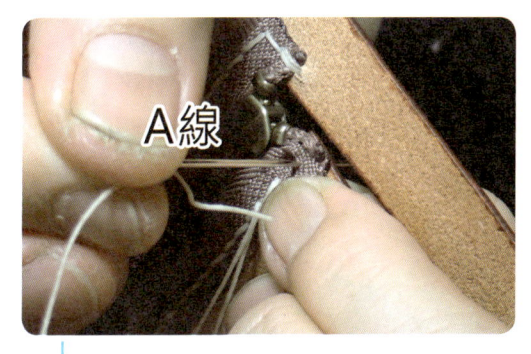

60 | A線再從皮背穿過最後1洞。

61 | 然後將A線穿進第2洞。

62 | 換B線穿進第2洞。

63 | B線再從正面穿回第3洞。

64 | 留下0.1〜0.3cm,剪掉多餘線段。

八、多層次手縫:率性多層短夾

65 | 以打火機燒線尾（可稍彎皮片，避免燒到皮革或拉鍊布）。

66 | 利用線融化時快速以打火機背壓住，線便固定不會脫落。

67 | 拉鍊縫合完成。

68 | 以雙菱斬打開頭2洞，以便側片貼合。

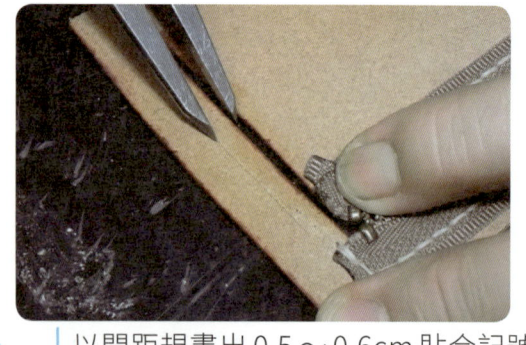

69 | 以間距規畫出0.5～0.6cm貼合記號，用刀刮粗貼合處。

70 | 再上強力膠。

71 | 側片依藍線標示處刮粗，再上強力膠。

72 | 從第1孔下方開始貼合壓緊。

八、多層次手縫：率性多層短夾

73 | 回到正面，以菱斬打洞、縫合。

74 | 縫合完成。

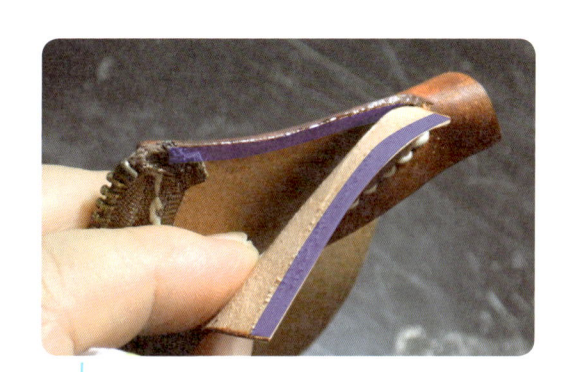

75 | 依藍色標示位置刮粗，再上強力膠。

76 | 從開頭邊線處對齊貼合。

77 | 可利用手指頂住邊緣，讓兩面皮革貼合、位置對齊。

78 | 貼合後，靠著膠板角邊以菱斬打洞。

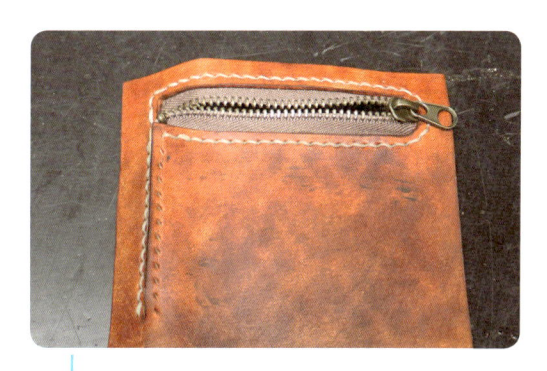

79 | 打洞完成，開始以縫線方式縫合。

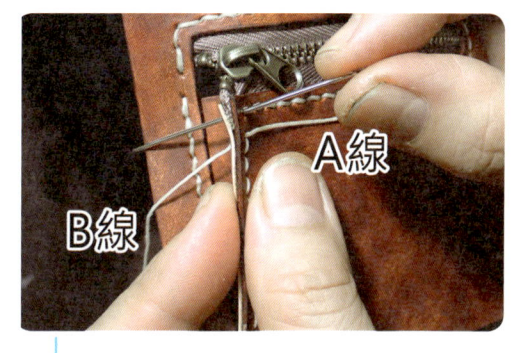

80 | 最後1洞時開始收尾，以A線穿過。

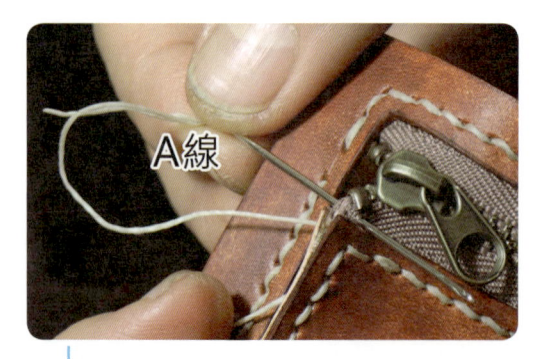

81 | 將 A 線靠緊皮邊，穿過拉鍊布回針用。

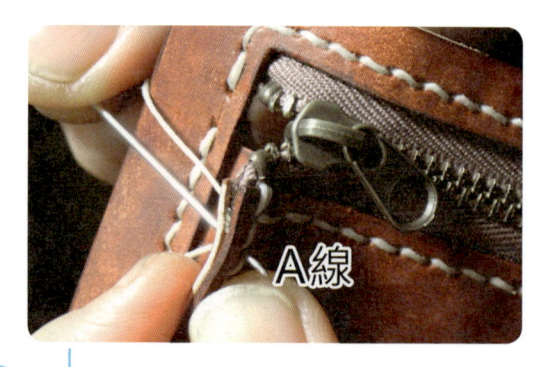

85 | 然後將 A 線穿進第 2 洞。

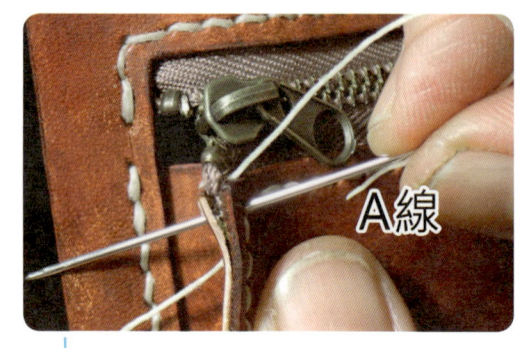

82 | A 線穿進最後 1 洞。

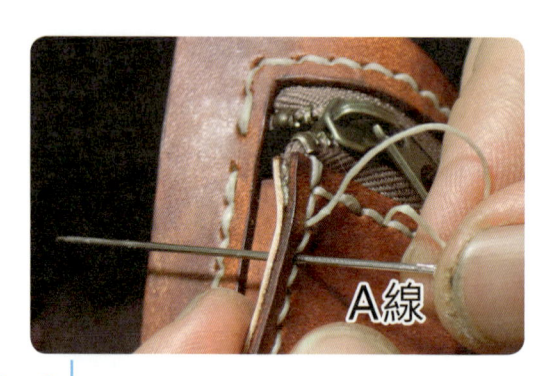

86 | 最後讓 A 線穿進第 3 洞，結束縫線。

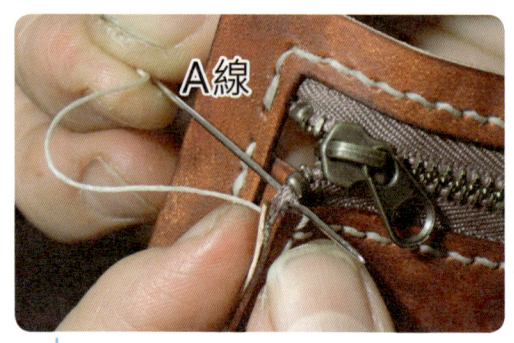

83 | 再一次穿過拉鍊布孔洞。

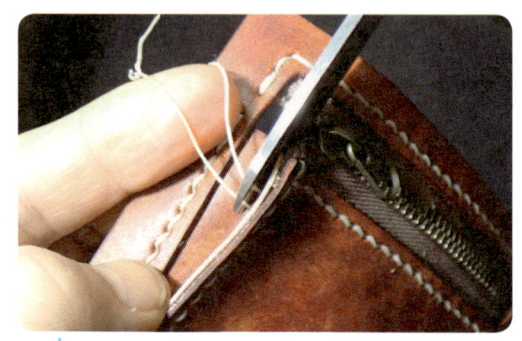

87 | 留下 0.1～0.3cm，剪掉多餘線段，燒線尾，完成。

84 | A 線接著穿進最後 1 洞。

88 | 將側片做磨邊處理。

89 | 以棉花棒沾染料補色。

90 | 再塗上床面處理劑。

91 | 利用磨緣器尖端處磨邊。

92 | 窄小處可以磨緣器頂端磨邊。

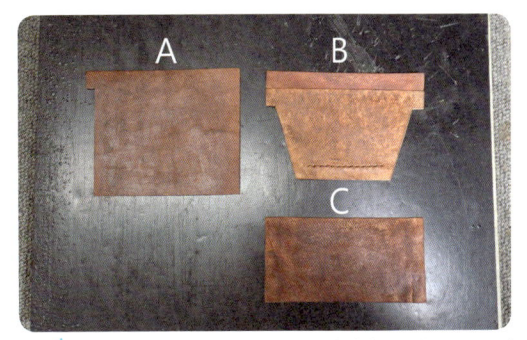

93 | 製作卡片層：將B放於A上，再把C放在最上層。

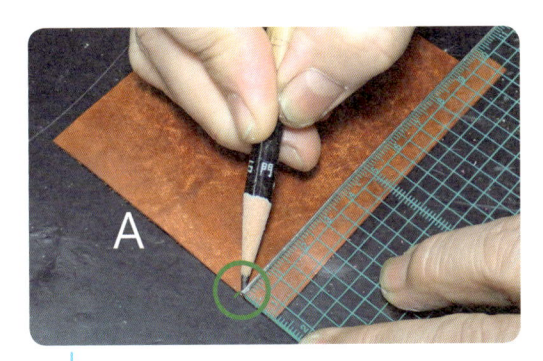

94 | A卡片層的皮片做貼合記號（綠圈處）。

95 | 依綠線標示處刮粗。

96 | 只上膠於藍線標示處。

八、多層次手縫：率性多層短夾

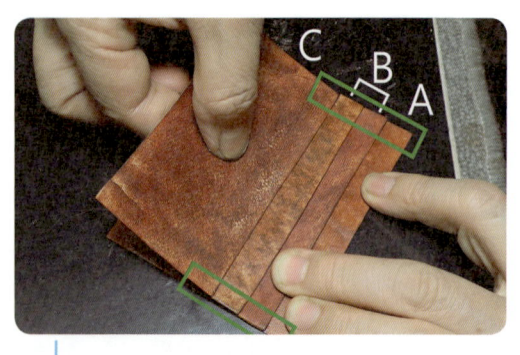

97 | 綠框處對齊貼合。

98 | 間距規調 0.3cm，於貼邊處標示畫出縫線位置。

99 | 打菱斬時須注意打孔位置，菱斬洞不可斬破皮邊。 ←錯誤

100 | 貼合邊打洞完成。

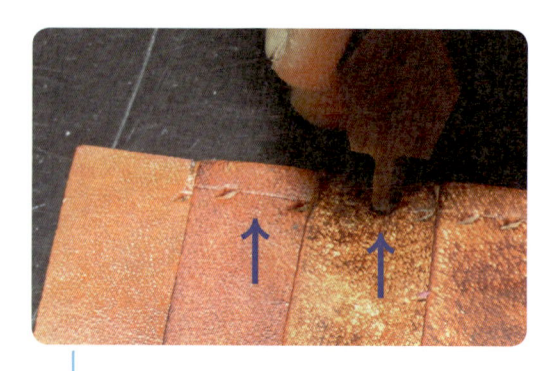

101 | 間隔稍大處可用單菱斬補打一洞。

102 | 藍色虛線邊做磨邊處理（補染、磨緣））。

103 | 將卡片層的大底片標示貼合邊線。

104 | 將綠線標示處刮粗，兩面皆上強力膠。

105 | 對準邊線處開始貼合。

106 | 另一端也要仔細對合。

107 | 皆從四角處先貼,再貼平直線處。

108 | 貼合後再以滾輪壓緊。

109 | 間距規調 0.3cm,依綠線標示處畫出縫線位置。

110 | 於直角處將單菱斬以 45 度角打一洞。

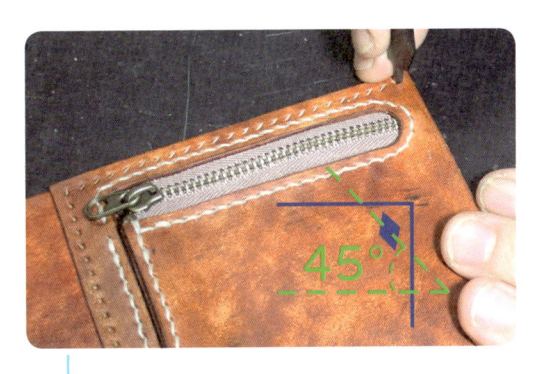

111 | 外側直角處亦打一洞。

112 | 菱斬打洞完成。

八、多層次手縫:率性多層短夾

113 | 縫線完成。

114 | 先在綠圈處做貼合標記。

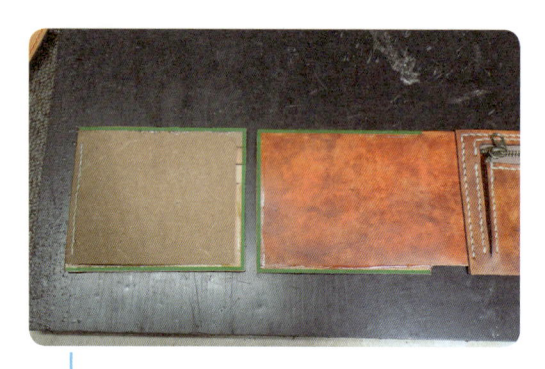

115 | 將綠線標示處刮粗，上強力膠。

116 | 對準上下貼合處壓緊。

117 | 皆從四角處先貼，再貼平直線處。

118 | 貼合後再以滾輪壓緊。

119 | 間距規調 0.3cm，依綠線標示處畫出縫線位置。

120 | 將藍色虛線的皮邊做磨邊處理（補染、磨緣）。

121 | 主體皮片依間距規劃線處（四邊），以菱斬打洞完成。

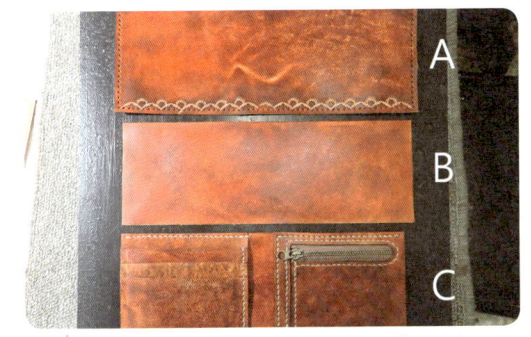

122 | 最後組合：將 B 放於 A 背面上，再把 C 放在 B 面上。

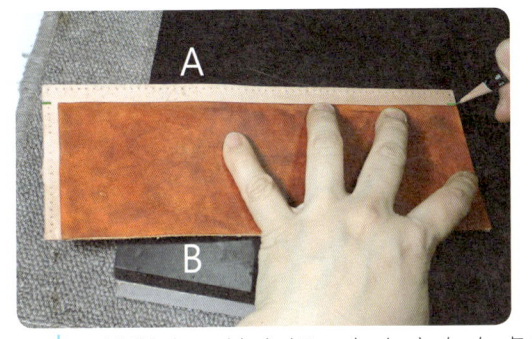

123 | B 片對齊 A 片底部，在上方左右處皆畫上貼合記號。

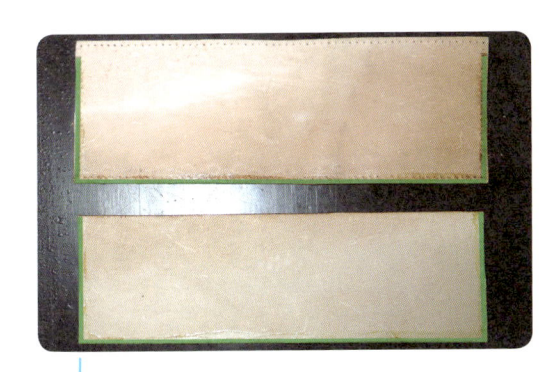

124 | 綠線標示處皆刮粗，再上強力膠。

125 | 先從開口頂端對齊貼合。

126 | 對準底部四角處，再貼合直線區。

127 | 對折彎曲處先不貼。

128 | 目前貼好的地方以滾輪壓緊。

八、多層次手縫：率性多層短夾

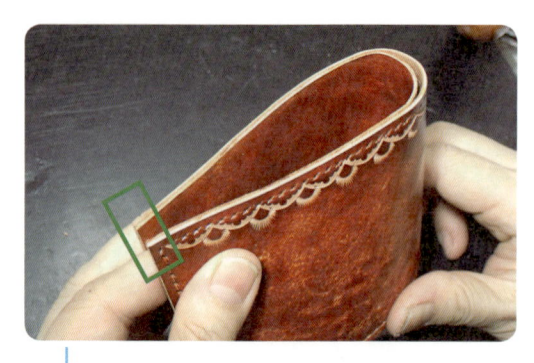

129 | 對準四角將皮片對齊並彎折。

133 | 卡夾層對準底部,在兩側藍圈處做貼合記號。

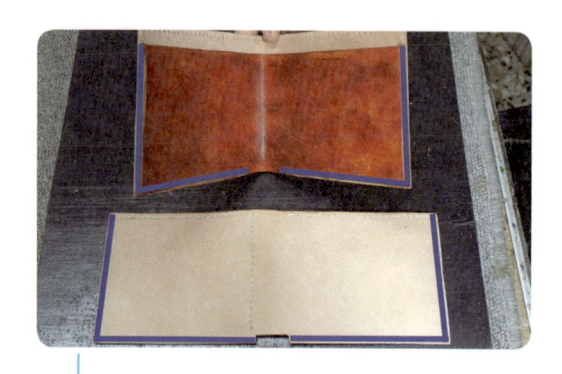

130 | 以手指從內往外壓緊皮片,使其貼合。

134 | 藍線標示處刮粗,上強力膠。

131 | 亦可以木製磨緣器壓平。

135 | 先從開口頂端對齊貼合。

132 | 接著將卡夾層與主體組合。

136 | 貼合後再以滾輪壓緊。

137 | 以 2mm 工具夾從主體皮面的正面菱斬孔洞，夾出背面孔洞。

138 | 注意：夾至背面此處時，要與藍圈處的菱斬洞重合。

139 | 不可夾破皮片邊。

140 | 亦可以直菱鑽斜角鑽出縫洞。

141 | 從開口處縫線組合。

142 | 縫線途中，可能會發現皮面不直呈彎曲狀。

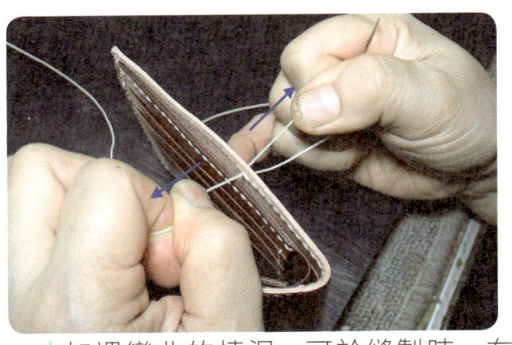

143 | 如遇彎曲的情況，可於縫製時，在彎曲處用力拉緊兩側縫線，就可拉直皮面。

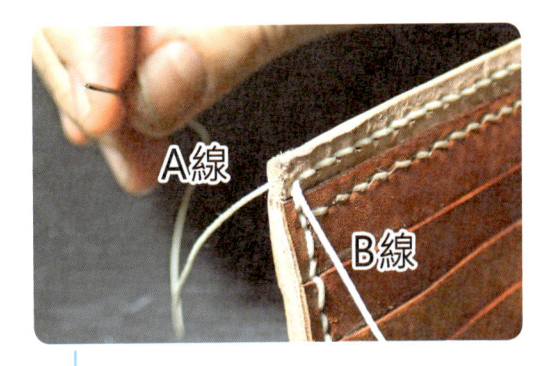

144 | 縫至最後洞時開始回針。

145 | A 線穿回下方第 2 洞。

146 | 此時 A 線會在主體皮片與卡夾層中。

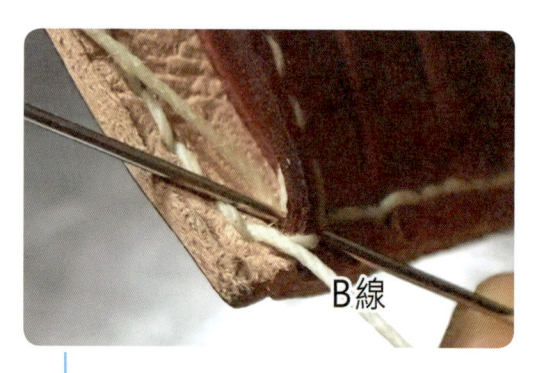

147 | 最後將 B 線也穿入下方第 2 洞。

148 | 留下 0.1～0.3cm，剪掉多餘線段。

149 | 可用電烙鐵加熱壓平收線。

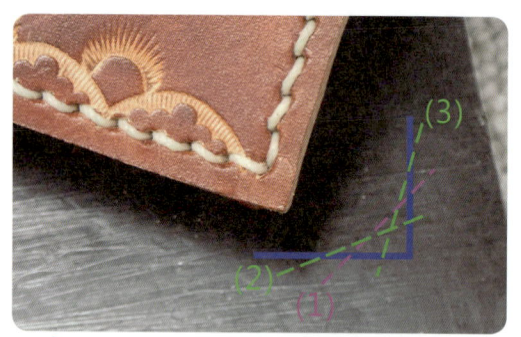

150 | 在整體的四角直角處，以美工刀依照 (1)、(2)、(3) 順序修圓四角。

151 | (1) 美工刀以 45 度角切削直角頂（利用手指頂住刀片固定）。

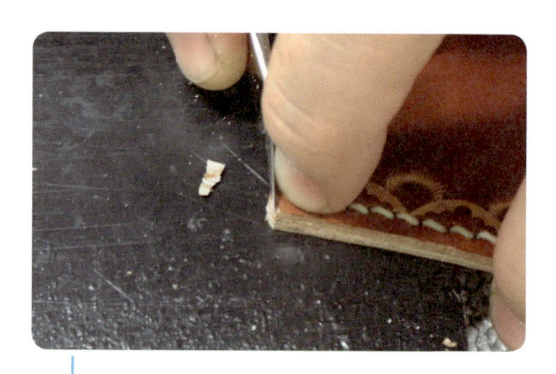

152 | (2)、(3) 再修圓剩餘銳角。

八、多層次手縫：率性多層短夾

153 | 將皮邊做最後的修磨步驟，即可完成組合。

154 | 完成短夾作品。

155 | 延伸玩法：女用長夾。

更多教學影片
https://reurl.cc/pm71Aa

附錄：作品版型

三角零錢包版型

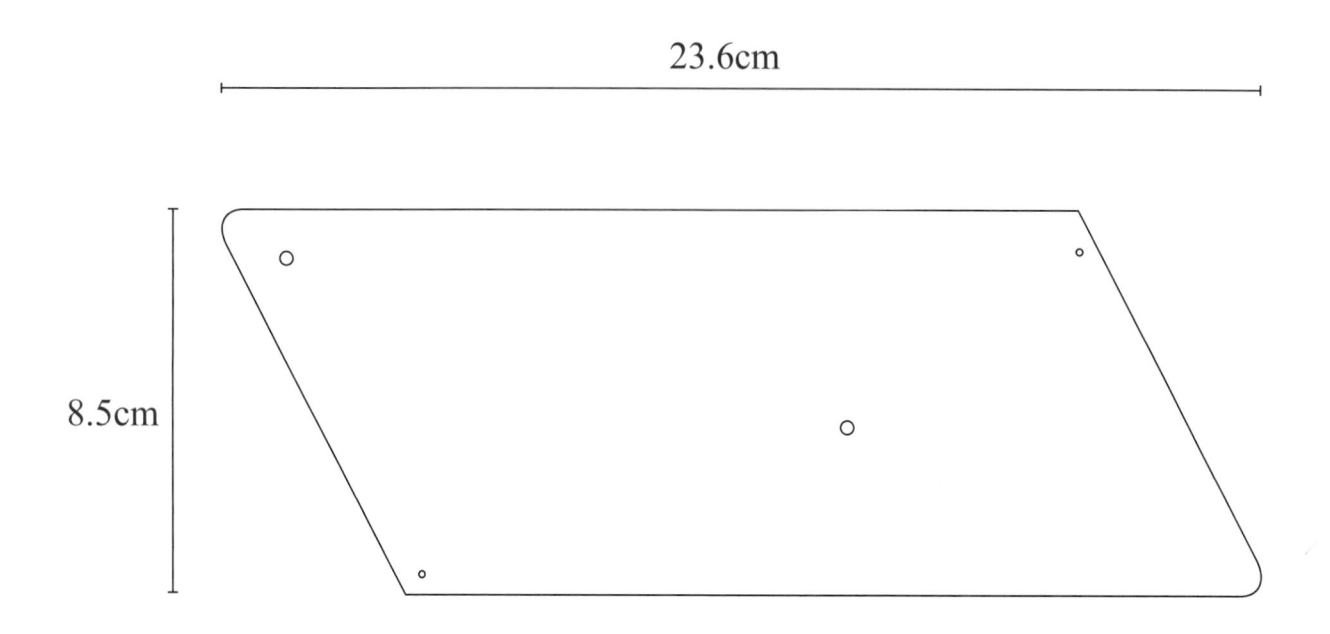

23.6cm

8.5cm

雙開三角零錢包版型

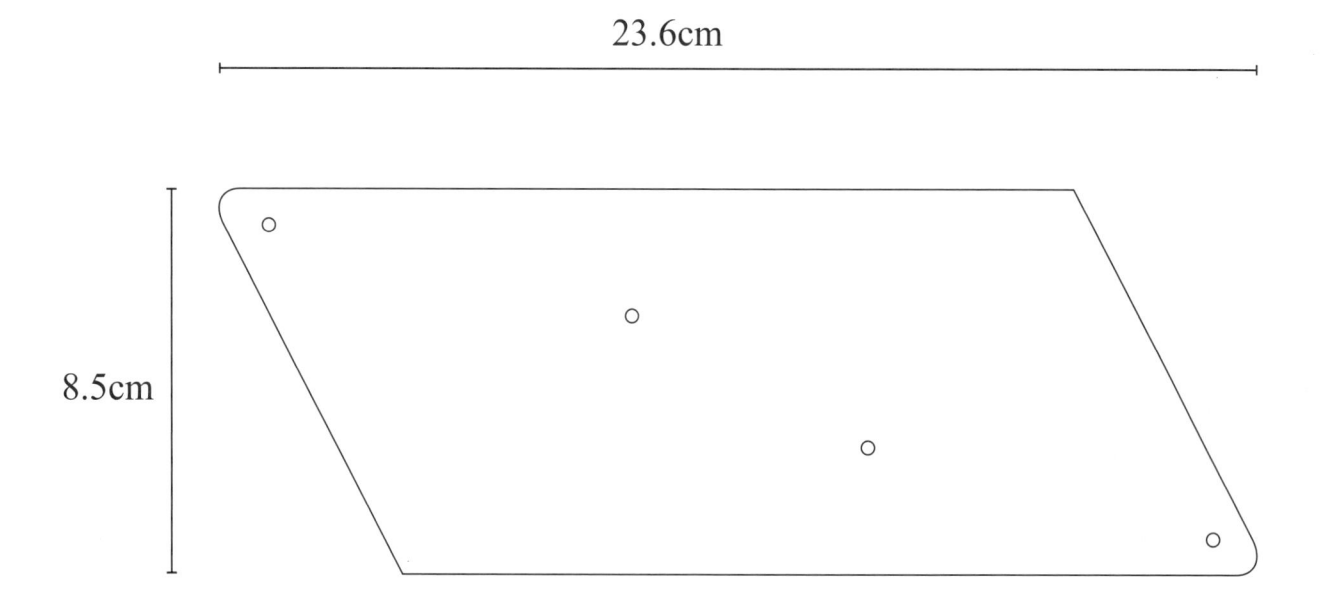

23.6cm

8.5cm

版型皆縮小 60%，使用時請自行放大

零錢包版型

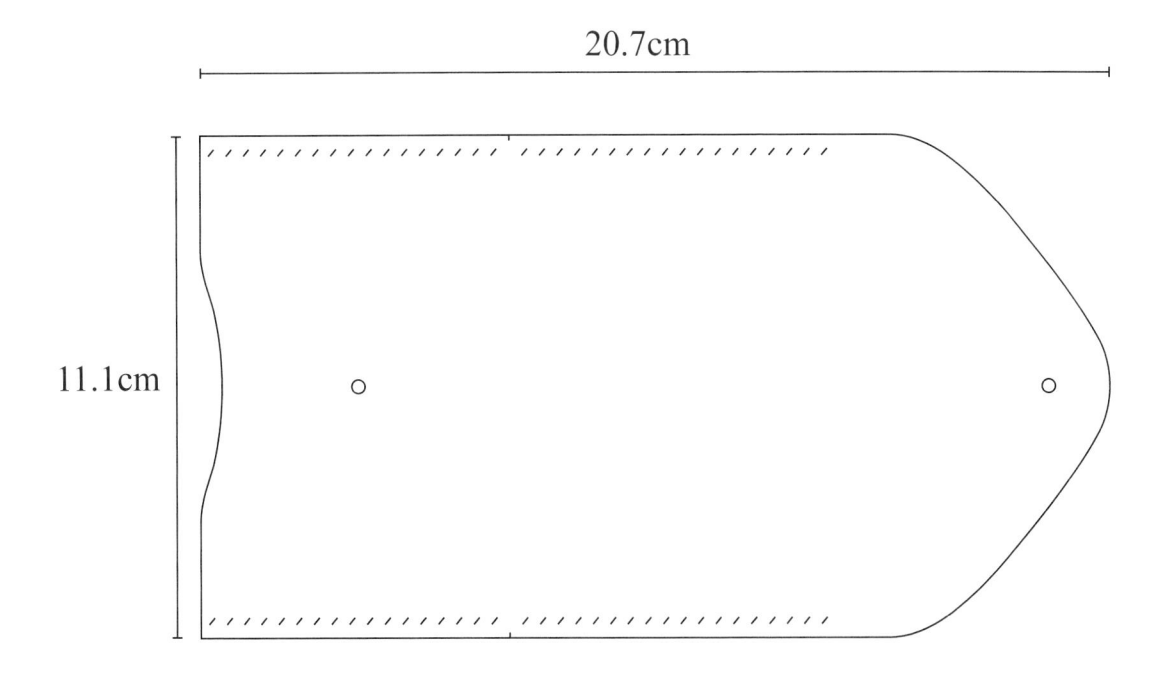

20.7cm

11.1cm

名片零錢包版型

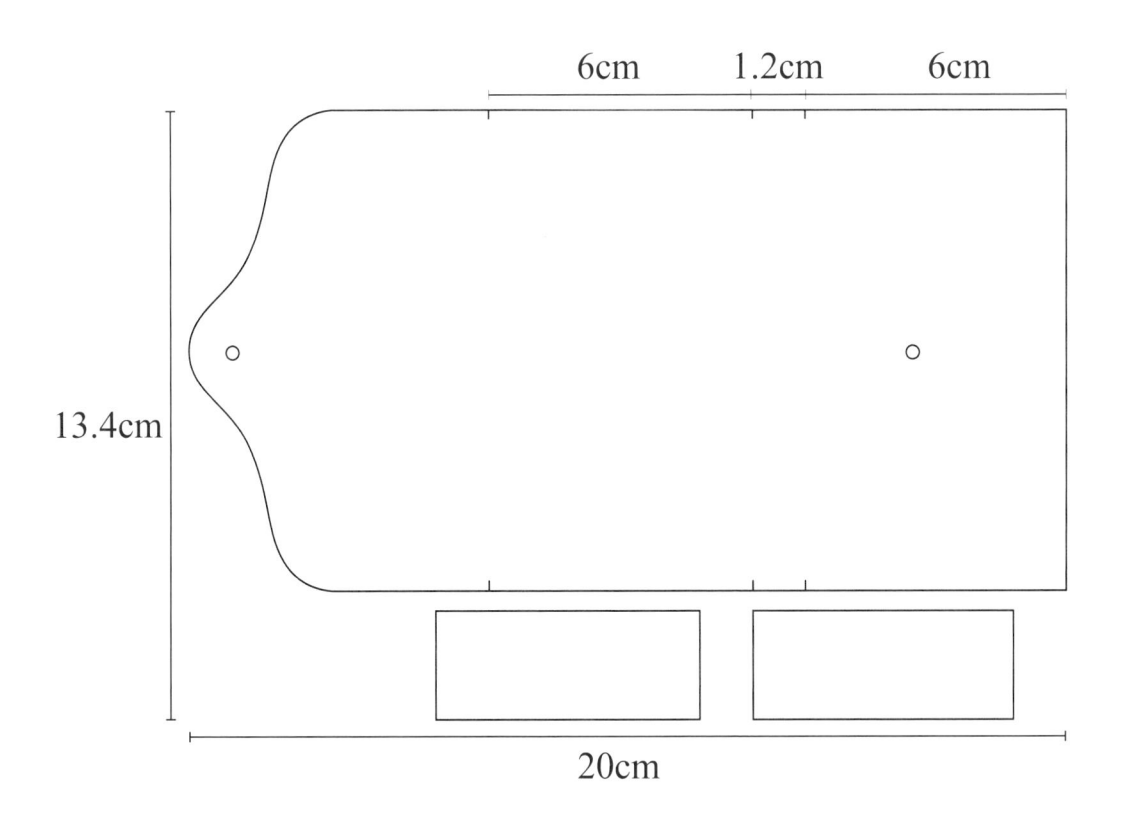

6cm　　1.2cm　　6cm

13.4cm

20cm

版型皆縮小60%，使用時請自行放大

鑰匙包版型

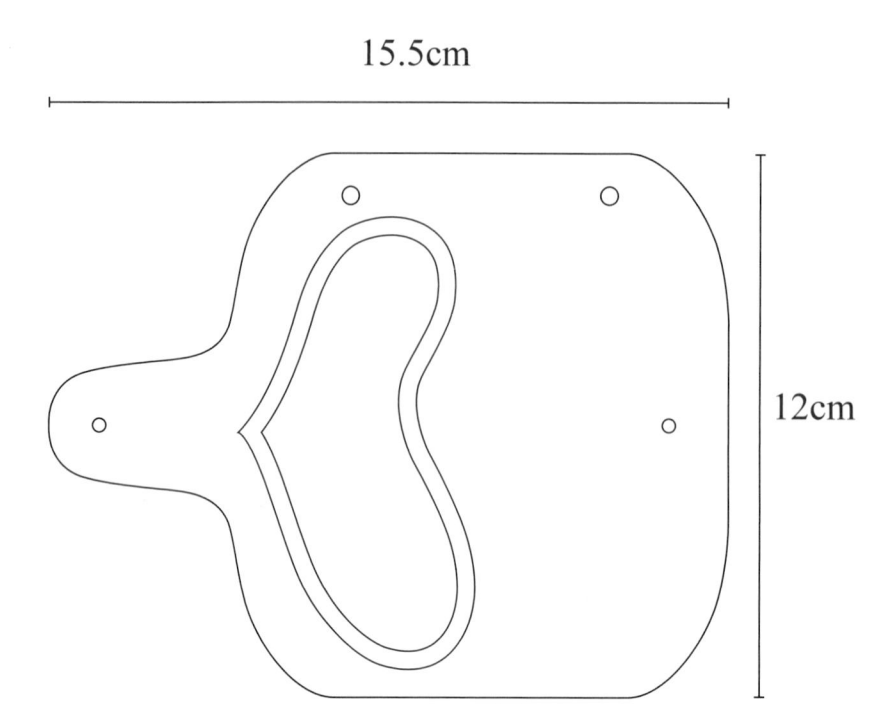

15.5cm

12cm

貓頭鷹版型

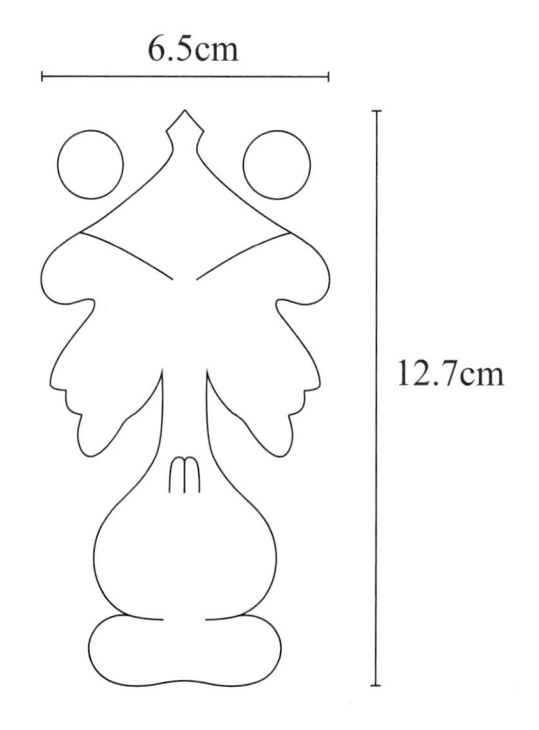

6.5cm

12.7cm

版型皆縮小 60%，使用時請自行放大

聖誕燈版型

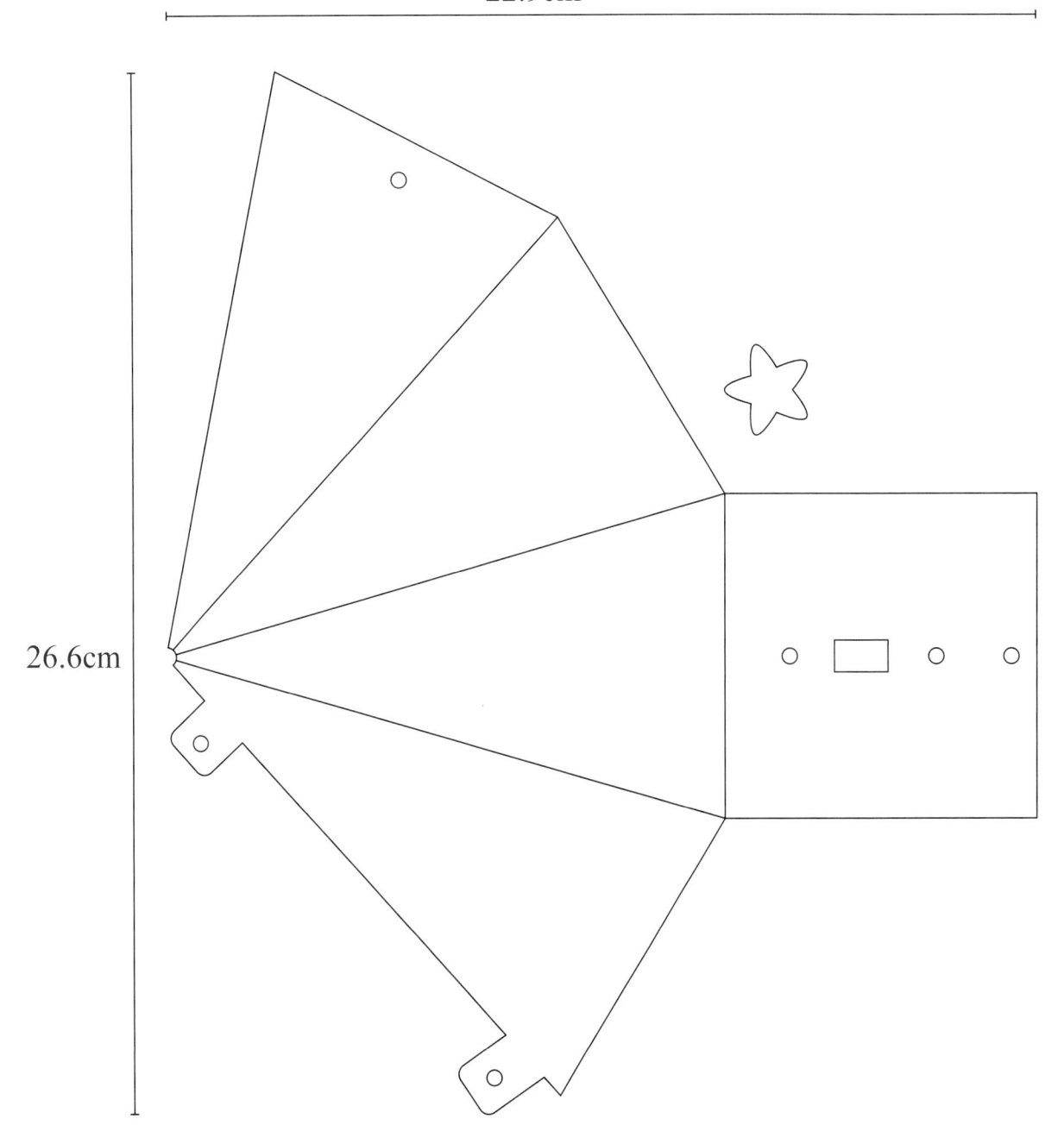

22.9cm

26.6cm

版型皆縮小 60%，使用時請自行放大

三角鉛筆盒版型

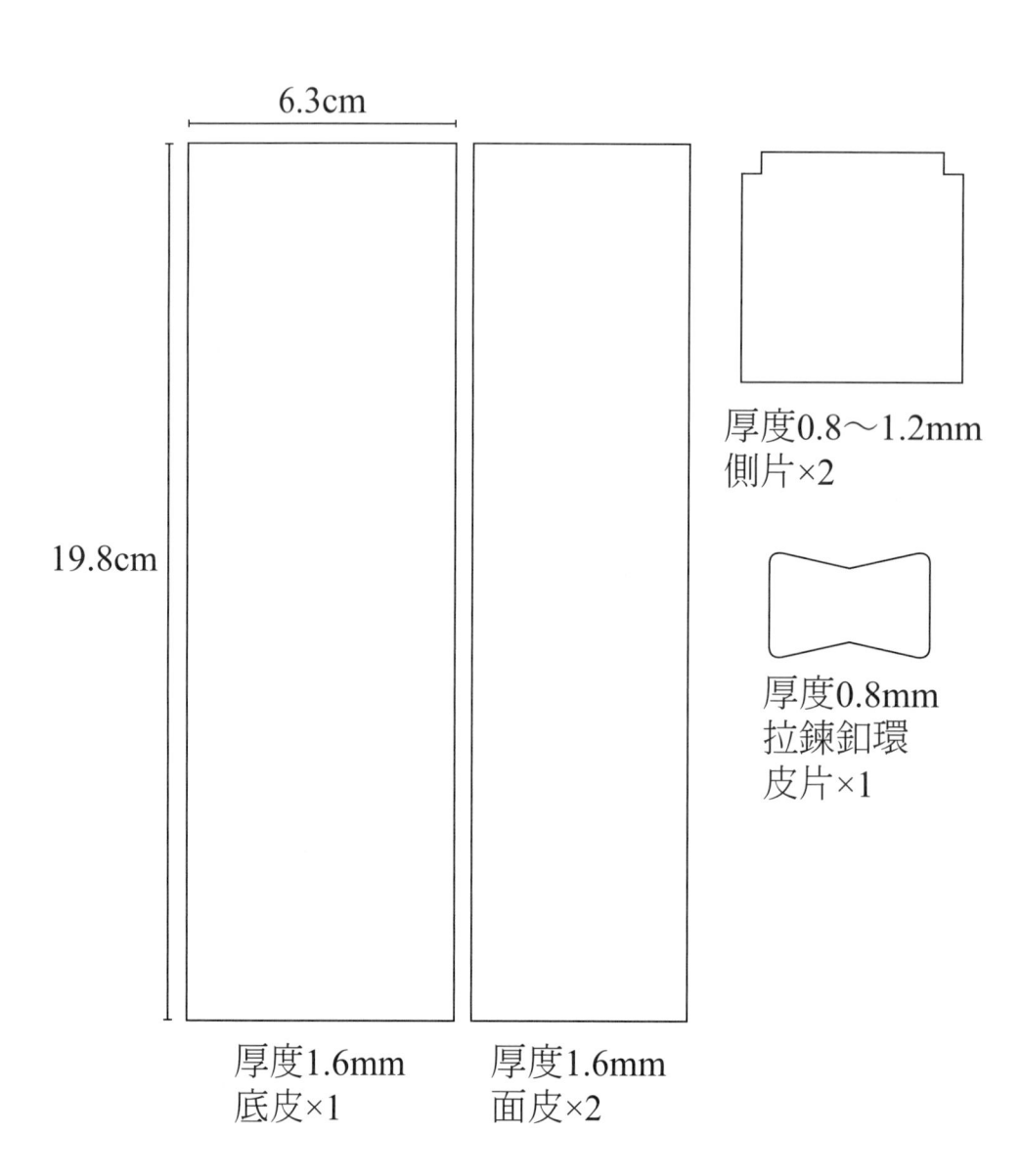

6.3cm

19.8cm

厚度0.8〜1.2mm
側片×2

厚度0.8mm
拉鍊釦環
皮片×1

厚度1.6mm
底皮×1

厚度1.6mm
面皮×2

版型皆縮小60%，使用時請自行放大

拉鍊零錢包版型

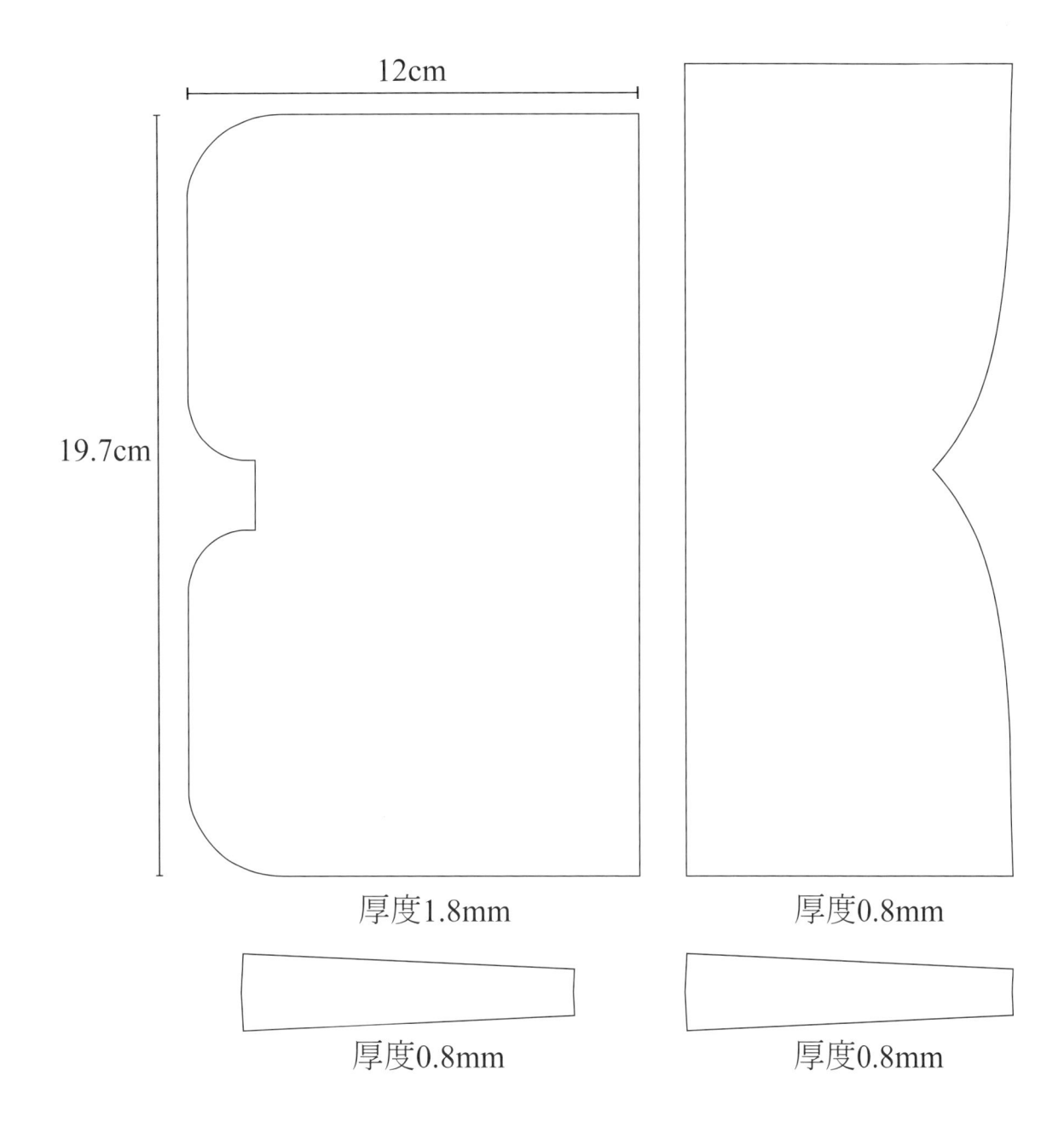

12cm

19.7cm

厚度1.8mm

厚度0.8mm

厚度0.8mm

厚度0.8mm

附錄：作品版型

版型皆縮小60%，使用時請自行放大

率性多層短夾版型

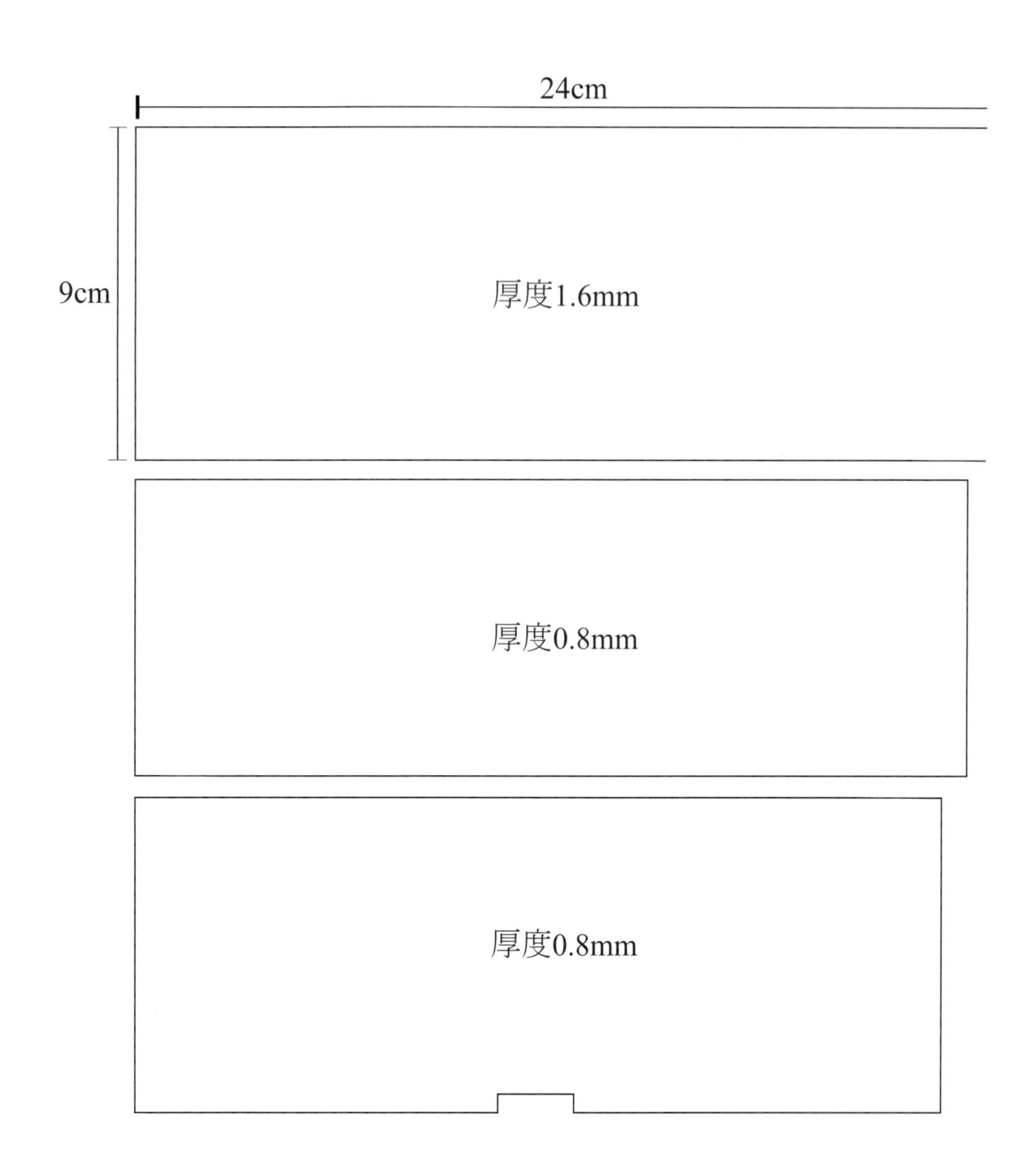

24cm

9cm 厚度1.6mm

厚度0.8mm

厚度0.8mm

版型皆縮小60%，使用時請自行放大

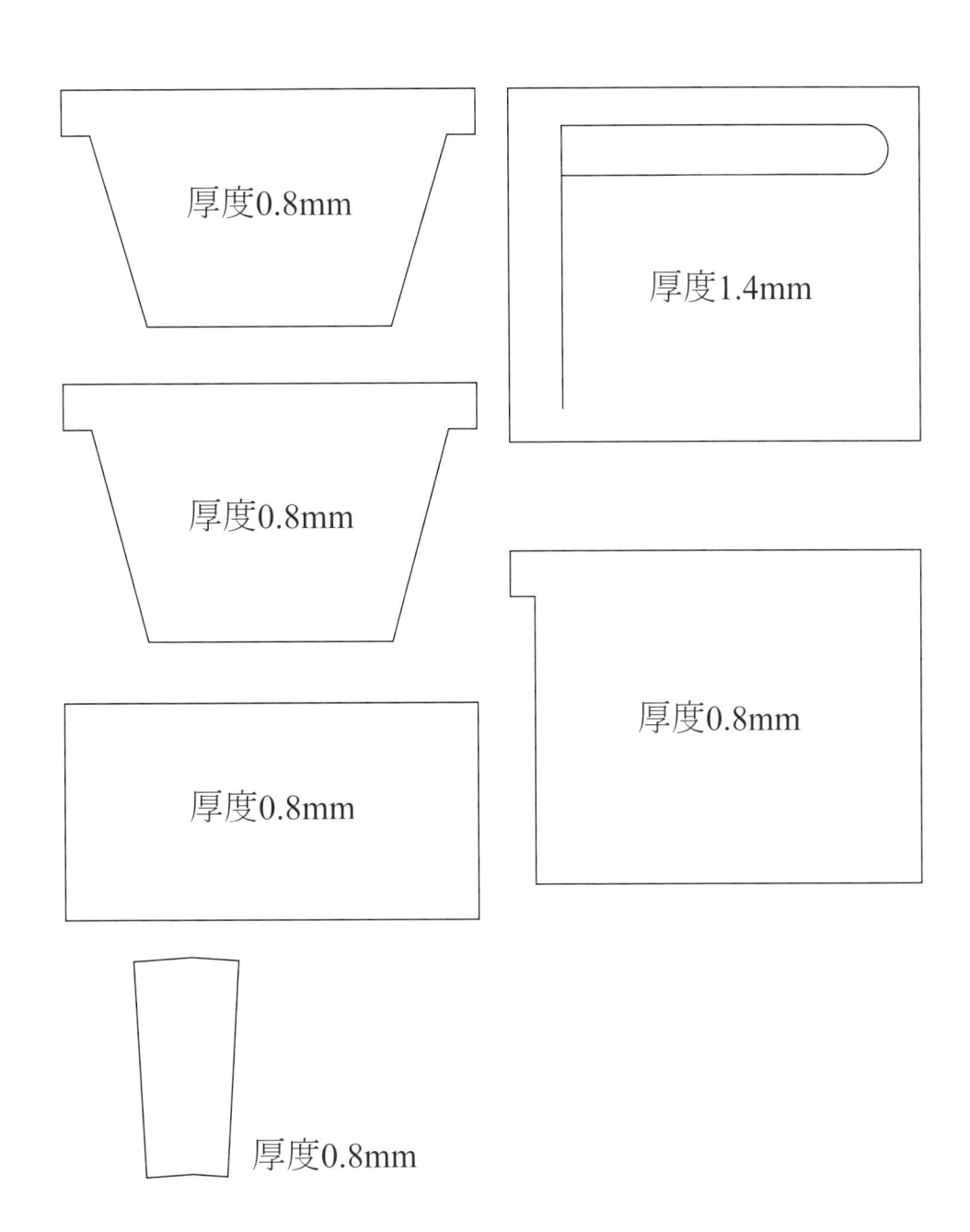

附錄：作品版型

厚度0.8mm

厚度0.8mm

厚度0.8mm

厚度1.4mm

厚度0.8mm

厚度0.8mm

版型皆縮小60%，使用時請自行放大

MLC 創客學習力認證
Maker Learning Credential Certification

創客學習力認證精神

以創客指標 6 向度：外形 (專業)、機構、電控、程式、通訊、AI 難易度變化進行命題，以培養學生邏輯思考與動手做的學習能力，認證強調有沒有實際動手做的精神。

MLC 創客學習力證書，累積學習歷程

學員每次實作，經由創客師核可，可獲得單張證書，多次實作可以累積成歷程證書。藉由證書可以展現學習歷程，並能透過雷達圖及數據值呈現學習成果。

創客師 → 核發 Maker Learning Credential Certification 創客學習力認證 → 學員

學員收穫：
1. 讓學習有目標
2. 診斷學習成果
3. 累積學習歷程

單張證書

歷程證書
正面 / 反面 / Portfolio

雷達圖診斷
1. 興趣所在與職探方向
2. 不足之處

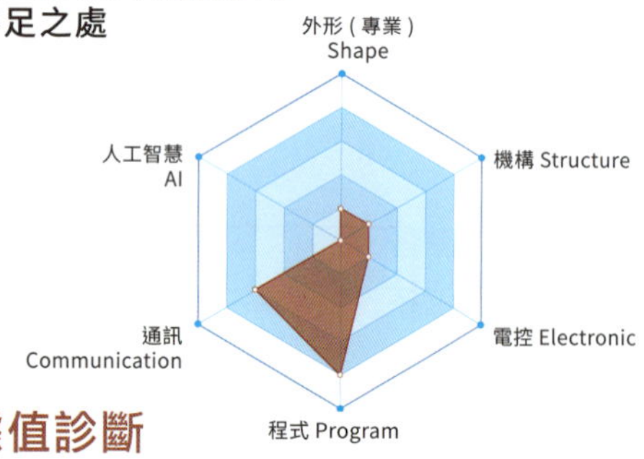

(雷達圖六向度：外形 (專業) Shape、機構 Structure、電控 Electronic、程式 Program、通訊 Communication、人工智慧 AI)

數據值診斷
1. 學習能量累積
2. 多元性 (廣度) 學習或專注性 (深度) 學習

100 — 10 — 10
創客指標總數 — 創客項目數 — 實作次數

100 — 1 — 10
創客指標總數 — 創客項目數 — 實作次數

平台售價

專案平台

產品編號	產品名稱	細項	年限	建議售價	備註
PS351	MLC 創客學習力歷程平台 高中職與中小學版	含創客師管理系統、開課管理系統、發證管理系統	一年	$100,000	須提供創客學習力歷程系統申購書
PS352	MLC 創客學習力歷程平台 大專院校版	含創客師管理系統、開課管理系統、發證管理系統	一年	$200,000	
PS350	MLC 創客學習力歷程平台 建置費用	建置費與監評訓練費用 (首次購買須加購)	一次	$50,000	

iPOE 國際學院
intelligent · Public · Open · Easy-learning · International College

諮詢專線：02-2908-5945 # 132
聯絡信箱：pacme@jyic.net

皮雕材料包

個人三角零錢包材料包
產品編號：3101111
售價：$160 元

共用三角零錢包材料包 (10 人份)
產品編號：3101112
售價：$1,180 元

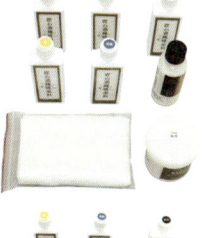

個人名片零錢包 (含針 2 支) 材料包
產品編號：3101113
售價：$200 元

共用名片零錢包材料包 (10 人份)
產品編號：3101114
售價：$2,100 元

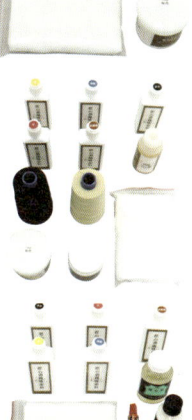

個人皮塑貓頭鷹材料包
產品編號：3101115
售價：$160 元

共用皮塑貓頭鷹材料包 (10 人份)
產品編號：3101116
售價：$1,550 元

個人汽車遙控鑰匙包材料包
產品編號：3101117
售價：$160 元

共用汽車遙控鑰匙包材料包 (10 人份)
產品編號：3101118
售價：$2,450 元

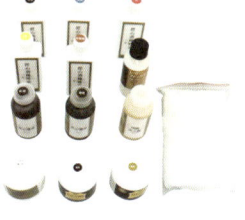

個人歡樂聖誕樹吊燈材料包
產品編號：3101119
售價：$430 元

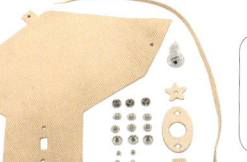

共用歡樂聖誕樹吊燈材料包 (10 人份)
產品編號：3101120
售價：$2,280 元

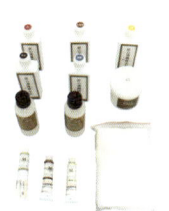

個人三角鉛筆盒材料包
產品編號：3101121
售價：$300 元

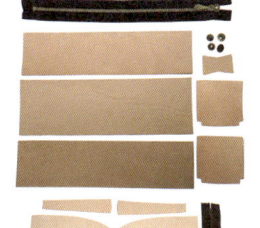

共用三角鉛筆盒材料包 (10 人份)
產品編號：3101122
售價：$1,320 元

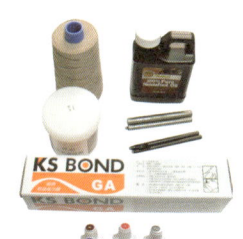

個人拉鍊零錢包材料包
產品編號：3101123
售價：$300 元

共用拉鍊零錢包材料包 (10 人份)
產品編號：3101124
售價：$2,380 元

個人率性多層短夾材料包
產品編號：3101125
售價：$690 元

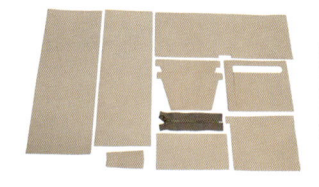

共用率性多層短夾材料包 (10 人份)
產品編號：3101126
售價：$2,550 元

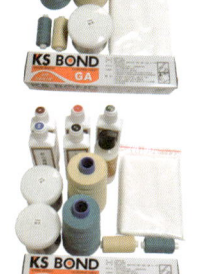

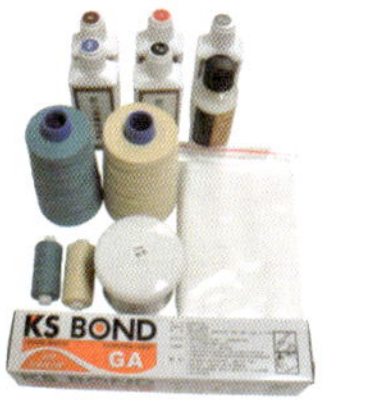

以上報價僅供參考　依實際報價為主

勁園・紅動　www.ipoemaker.com

諮詢專線：02-2908-1696 或洽轄區業務
歡迎辦理師資研習課程

書　　　名	藝同玩皮趣： 皮革工藝入門的啟蒙教科書
書　　　號	PN006
版　　　次	107年01月初版　110年09月二版
編　著　者	匠心手工皮雕坊・李宛玲
總　編　輯	張忠成
責　任　編　輯	安培思文教　周玉娟
校　對　次　數	7次
版　面　構　成	楊蕙慈
封　面　設　計	楊蕙慈
出　版　者	台科大圖書股份有限公司
門　市　地　址	24257新北市新莊區中正路649-8號8樓
電　　　話	02-2908-0313
傳　　　真	02-2908-0112
網　　　址	tkdbooks.com
電　子　郵　件	service@jyic.net
版　權　宣　告	**有著作權　侵害必究**

國家圖書館出版品預行編目資料

藝同玩皮趣：皮革工藝入門的啟蒙教科書
/李宛玲著.
-- 二版. -- 新北市：台科大圖書股份有限公司
, 2021.09
164 面；21.00 ×28.10 公分
ISBN 978-986-523-276-4（平裝）

1.皮革 2.手工藝

426.65　　　　　　　　　110010211

本書受著作權法保護。未經本公司事前書面授權，不得以任何方式（包括儲存於資料庫或任何存取系統內）作全部或局部之翻印、仿製或轉載。

書內圖片、資料的來源已盡查明之責，若有疏漏致著作權遭侵犯，我們在此致歉，並請有關人士致函本公司，我們將作出適當的修訂和安排。

郵　購　帳　號	19133960
戶　　　名	台科大圖書股份有限公司
	※郵撥訂購未滿1500元者，請付郵資，本島地區100元 / 外島地區200元
客　服　專　線	0800-000-599
網　路　購　書	PChome商店街　JY國際學院　　博客來網路書店　台科大圖書專區
各服務中心	總　　公　　司　02-2908-5945　　台中服務中心　04-2263-5882 台北服務中心　02-2908-5945　　高雄服務中心　07-555-7947

線上讀者回函
歡迎給予鼓勵及建議
tkdbooks.com/PN006